无人机航拍美学

无人机视频拍摄、剪辑与调色

俞树声（书生哥哥） 郁聪聪（暴走的汤） 著

人民邮电出版社
北京

图书在版编目（CIP）数据

无人机航拍美学 ：无人机视频拍摄、剪辑与调色 / 俞树声，郁聪聪著. -- 北京 ：人民邮电出版社，2023.8(2024.3重印)
ISBN 978-7-115-61663-0

Ⅰ. ①无… Ⅱ. ①俞… ②郁… Ⅲ. ①无人驾驶飞机—航空摄影 Ⅳ. ①TB869

中国国家版本馆CIP数据核字(2023)第079377号

内 容 提 要

本书针对目前无人机使用者在学习及应用过程中所关心的问题，通过图文并茂的形式全方位讲解了无人机的使用入门、操作技巧、安全监管、飞行须知、规范应用等一系列相关知识，主要内容包括认识航拍无人机、无人机的选购、拍摄参数及功能的介绍、航拍构图、景别运用、运镜手法及表达含义、航拍实战分析、常用航拍剪辑思路和技法、常用航拍调色流程及技法等。

本书内容丰富、通俗易懂、实用性强，适合无人机用户、航拍爱好者、影视及新闻行业的航拍工作者等阅读学习，同时也可用作高等院校、职业院校等相关专业的参考教材。

◆ 著　　俞树声（书生哥哥）　郁聪聪（暴走的汤）
责任编辑　张　贞
责任印制　陈　犇

◆ 人民邮电出版社出版发行　北京市丰台区成寿寺路 11 号
邮编　100164　电子邮件　315@ptpress.com.cn
网址　https://www.ptpress.com.cn
北京九天鸿程印刷有限责任公司印刷

◆ 开本：690×970　1/16
印张：12　　2023 年 8 月第 1 版
字数：229 千字　　2024 年 3 月北京第 3 次印刷

定价：99.00 元

读者服务热线：(010)81055296　印装质量热线：(010)81055316
反盗版热线：(010)81055315
广告经营许可证：京东市监广登字 20170147 号

前言 PREFACE

近年来，随着传感、摇杆、飞控、云台、计算式视觉、图像传输等相关技术的快速完善，航拍无人机的发展进入了快车道，航拍无人机的价格日益亲民，它们被运用在各行各业。

越来越多的航拍爱好者、影视工作者把目光投向了这一新兴的高科技领域。但是，航拍无人机并不是如普通玩具一般好操作的，把航拍画面拍好看也并不是大众想象的那么简单，需要通过大量的航拍知识学习和飞行实践，才可以实现航拍小白到航拍大神的蜕变。

本书的两位作者都是国内知名航拍摄影师，近几年，他们一直坚持一线影视的航拍创作，作品有《我们的当打之年》《鬓边不是海棠红》等，同时也为各大创作团队提供影视航拍技术解决方案，创造了电影、广告、纪录片等领域的成功案例，他们总结多年的实战拍摄经验，推出了这本系统讲解无人机飞行、拍摄、后期剪辑调色处理的图书。

本书内容囊括了航拍需要了解的方方面面，具体包括无人机航拍中的飞行安全、设备选择、拍摄理论、飞行操作、静态图片、动态视频拍摄技巧、航拍实战案例、后期剪辑和达芬奇调色的处理等多方面内容。无论你是正考虑购置一架无人机的玩家，航拍入门与初学者，专业飞手，还是有意转向航空摄影的专业摄影师，本书都会给你实用的信息与切实的帮助。

值得肯定的是，本书并没有试图成为一种教条式的“圣典”，而更像是经验的分享与观点的交流。摄影指南类的图书很容易陷入理论的空谈，大概是因为有的作者担心太多操作层面的内容会让图书显得粗浅；也容易局限在说明书式的具体操作中，缺乏普遍的指导意义。这本书显然没有背负这样的“包袱”，一切从零教起，从具体操作讲起，又穿插有具有科普价值的知识，而这一切都是为了使读者能够掌握航拍技能。

此书编写历时一年，书中整合了作者在多领域的拍摄案例，呈现了动态航拍影像的制作全流程，在编写过程中吸收了国内外同类教材的优点，内容全面、丰富、新颖，实用性强，能满足航拍爱好者对于航拍美学知识体系建立的需求。

本书以无人机航拍美学为知识主线，结合法律法规，注重航拍理论知识、实操和后期处理的介绍，突出航拍实际应用。本书在兼顾知识的系统性、逻辑性的同时，力求结构合理、宽而不深、多而不杂、语言简练。全书文字通俗易懂，图例丰富，适合自学。

限于作者的理论水平和实践经验，书中不妥之处在所难免，敬请读者斧正。

资源下载说明

本书附赠部分案例的配套素材文件，扫码添加企业微信，回复本书51页左下角的5位数字，即可获得配套资源下载链接。资源下载过程中如有疑问，可通过客服邮箱与我们联系。

联系邮箱：baiyifan@ptpress.com.cn

目录

CONTENTS

第 2 章

航拍无人机的选购

第 3 章

拍摄参数及功能介绍

第 4 章

航拍构图

第 5 章

景别运用

第 8 章

常用航拍视频剪辑思路和技法

第 9 章

常用航拍视频调色流程及技法

第1章 CHAPTER 1 认识航拍无人机

在科技迅速发展的今天，航拍无人机逐渐进入大众的视野。不管是从业多年的航拍老手，还是刚入门的新手，都会遇到飞行安全问题。进行飞行操作时要仔细阅读说明，注意安全操作，共同维护良好的空域环境，为公共安全和自身行为负责。本章主要介绍常规航拍无人机的组成和航拍无人机安全飞行常识，让航拍新手能够快速了解无人机，并实现合规合法的安全飞行。

1.1 常规航拍无人机的组成

现在大众所拍摄的照片和视频越来越酷炫，视角已经不局限于陆地视角，这一切都得益于日新月异的科技，其中无人机就是一个神奇的存在。下面我们先来了解常规航拍无人机的组成。

无人机的全称是无人驾驶飞行器（Unmanned Aerial Vehicle），是一种利用无线电遥控操纵或自主程序控制、机上无人驾驶的可重复使用的航空器。相信很多人即使没见过实物，但在各种平台上也应该见过无人机的照片，图 1-1所示是大疆Mavic 3 Classic。

图 1-1

无人机由机身、动力系统、飞行控制系统、链路系统和任务载荷五大部分组成。

● **机身**

机身是无人机的主要骨架，一般采用轻物料制造，以减轻无人机的负载量，其他零部件都需要按照机身的布局安装。图 1-2是机身参考图。

图 1-2

● 动力系统

动力系统主要包含螺旋桨、电机、电子调速器和动力电源。电源为电机提供能量，电机则通过电子调速器的控制带动螺旋桨旋转，为无人机提供动力。

螺旋桨：无人机产生推力的主要部件。常见的多旋翼无人机一般搭配4个螺旋桨，两个顺时针旋转，两个逆时针旋转。对于电机来说，螺旋桨过大或过小都不太好，多轴无人机的操纵主要就是依靠改变电机的转速，使每个螺旋桨产生不同的升力。

电机：能将电能转化为机械能，带动螺旋桨旋转，从而产生推力。在微型无人机当中使用的电机可以分为两类：有刷电动机和无刷电动机。其中有刷电动机由于效率较低且会产生摩擦，在快速旋转时难以控制，在无人机领域已逐渐不再使用。无刷电动机里面的电刷不转，被称为定子；外面的永磁体转动，被称为转子。无刷电动机需要用交流电来驱动，所以外面需要接上一个电子调速器。

电子调速器：不仅可以调节电机的转速，也可以为遥控接收器上其他通道的舵机供电，还能将电池提供的直流电转换为可直接驱动电机的三相交流电。电机的调速系统称为电调，全称为电子调速器（Electronic Speed Contoller,ESC），它根据控制信号调节电机的转速。

动力电源：为多旋翼无人机提供能量，直接关系到无人机的悬停时长、最大负载重量和飞行距离等重要指标。通常采用化学电池来作为电动无人机的动力电源，综合重量、能量密度等因素，现用锂聚合物动力电池作为动力电源。电池实物图如图 1-3所示。

图 1-3

● 飞行控制系统

飞行控制系统又称为飞行管理和控制系统，是无人机的“大脑”。它的工作流程是先接收地面遥控器的指令，然后将这些指令分发到无人机的各个控制模块，再接收各个模块反馈回来的信息，最后将反馈信息传回地面遥控器上。不断地重复这个流程，可以保证无人机在空中完美地执行飞手的命令。一般飞行控制系统会内置控制器、陀螺仪、加速度计和气压计等传感器，以实现无人机数据传输较高的可靠性和精确度。

该系统分为四大模块：主控单元（飞行控制的核心，实现无人机自主飞行和数据记录）、惯性测量单元（包括陀螺仪、加速度计、地磁传感器和气压计，简称IMU）、GPS指南针模块、LED指示灯模块。

● 链路系统

链路系统就是我们平常所说的天线，其主要作用是传输数据，它是无人机和遥控器之间沟通的桥梁。在无人机内部设置遥控器接收器，以便无人机完成对信息的接收和反馈，特别是四轴无人机，起码要有四条频道来传送信号，以便分别控制前后左右四组悬轴和电机。

控制无人机的方式有很多，最传统的就是遥控器了，此外还有地面站用的数传电台。另外还有不是特别主流的蓝牙、Wi-Fi、3G/4G等。无人机的遥控器一般成对出售，一个发射机、一个接收机，需配对使用，但不同厂家之间的设备可能不能通用。遥控器有“美国手”“日本手”“中国手”之说。“美国手”与“日本手”是指无人机的操控方式，“美国手”是左手油门，“日本手”是右手油门，“美国手”与“日本手”对应不同的操控器油门方向杆的不同布局。“中国手”的操作与“美国手”完全相反。几种操作方式对应不同的操作习惯，并无优劣之分。

● 云台相机系统

无人机在飞行中受到气流和风力影响，会产生不可避免的晃动。无人机通过三轴稳定云台搭载的相机模块为航拍摄影提供稳定可靠的影像。

除了由电机、机械臂等机械构成的三轴稳定结构外，所搭载的相机模块决定着无人机航拍画面的品质。消费级无人机的云台相机部分大多是一体化集成的，不能更换，具有较高的稳定性。专业级无人机系统大多可以更换云台组件，还可以根据需求更换不同画质的相机。

1.2 安全飞行常识

无人机飞行速度很快，在空中需要时刻注意规避风险。无人机必须在保证安全、有序且有计划的基础上才能飞行。使用无人机时必须严格遵守相关的法律法规。下面将介绍无人机安全飞行的常识。

如何合规合法地使用无人机

无人机在浩瀚无垠的天空中飞行时，就像地面行驶的车辆，需要遵守法律法规。在机场、高压线等高架设施附近、军事及国家相关敏感区域、高层建筑以及人群聚集的地方，无人机是不能飞的。

如果测区附近有以上敏感区域，请先咨询无人机厂家及当地派出所，确定所在位置不是禁飞区后，方可操作无人机。图 1-4所示为禁飞区无法起飞提示。

图 1-4

为了避免对航空运输飞行安全的影响，未经地区管理局批准，禁止在民用运输机场飞行空域进行无人机飞行活动。申请划设民航无人机临时飞行空域时，应当避免与其他载人民用航空器在同一空域飞行。图 1-5所示为无人机禁飞区域。

除特别批准外，任何单位、组织和个人禁止在保护区域升放无人机，其中提到的保护区域就有机场车站、港口码头、景点商圈等人员稠密区域。

所以，当我们的无人机无意间靠近这些区域的时候，我们应及时将无人机拉远，以确保飞行的安全。

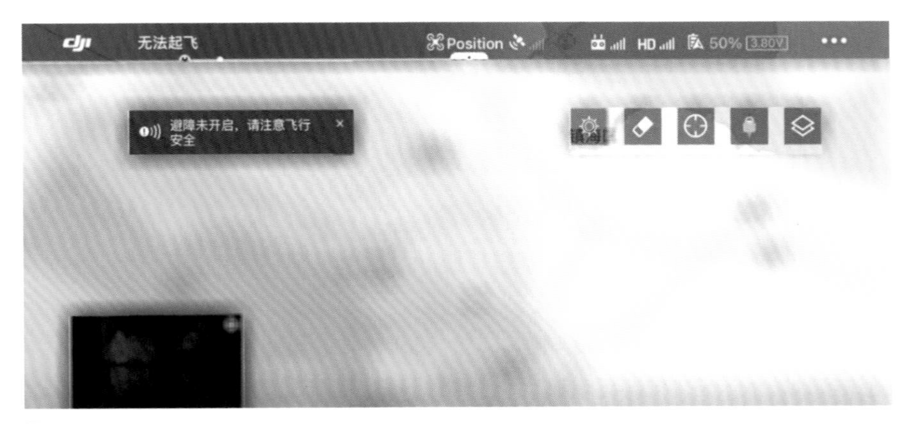

图 1-5

◆ 起飞前检查

由于飞控系统越来越成熟，无人机本身的操作复杂度也越来越低，但是想要获得有效的航拍画面，离不开完备的准备工作。在航拍无人机起飞前应做到以下几点。

（1）观察周围环境，规划标记航线。

（2）检查无人机结构及螺旋桨安装状态。

（3）先开启遥控器，再开启无人机。

（4）了解无人机的姿态、飞行时间、位置和控制模式。

（5）设置低电量参数和返航高度。

（6）设置正确的拍摄格式及参数。

（7）设置合适的摇杆及拨轮控制感度。

（8）检查返航点是否重新记录。

（9）视情况校准指南针。

（10）保持安全距离对尾起飞。

图 1-6为悟2对尾起飞。

图 1-6

◆ 如何正确起飞和降落无人机

正确起飞与降落无人机的方法及注意事项如下。（以“美国手”为例）

● 起飞

执行左右摇杆内八掰杆动作，无人机将解锁，螺旋桨将以怠速旋转。

向上推动油门杆，无人机即可起飞，此时再执行其他摇杆动作。图 1-7所示为内八掰杆解锁起飞。

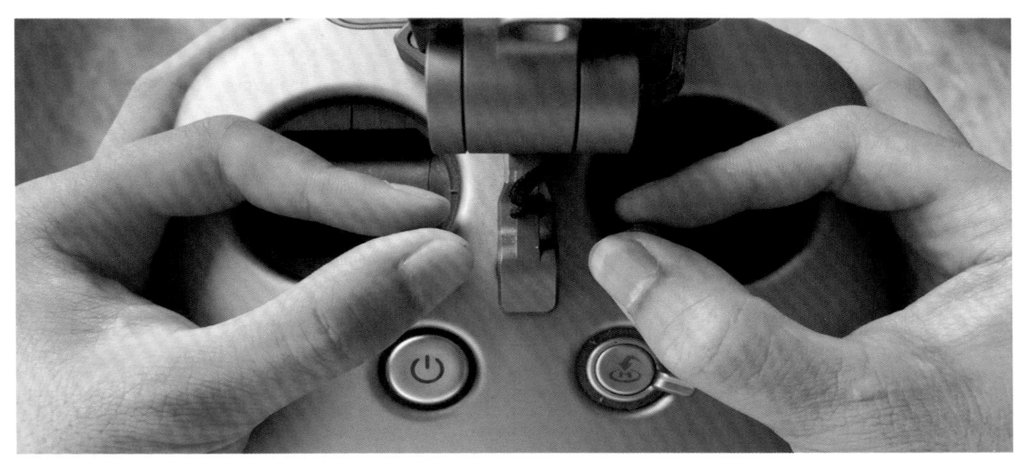

图 1-7

我们也可以通过点击遥控显示屏上的起飞按键进行一键起飞。图 1-8中红圈部分即起飞按键。

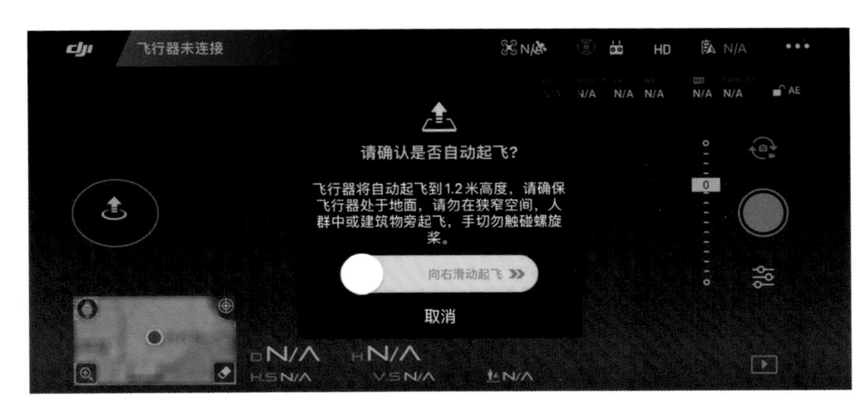

图 1-8

● 降落

向下拉油门杆，直至无人机降落到地面。无人机降落在地面后将油门杆拉到最低并保持3秒，无人机即可上锁，螺旋桨停转。

● 保持距离

无人机起飞时，操作人员必须与无人机保持 5m 以上的距离。

飞行模式

GPS模式，大疆称为“P模式”（P挡）。顾名思义，无人机使用GPS模块或多方位视觉系统实现精准悬停，指点飞行、规划航线等都需要在该模式下进行。图 1-9所示为无人机GPS模式。

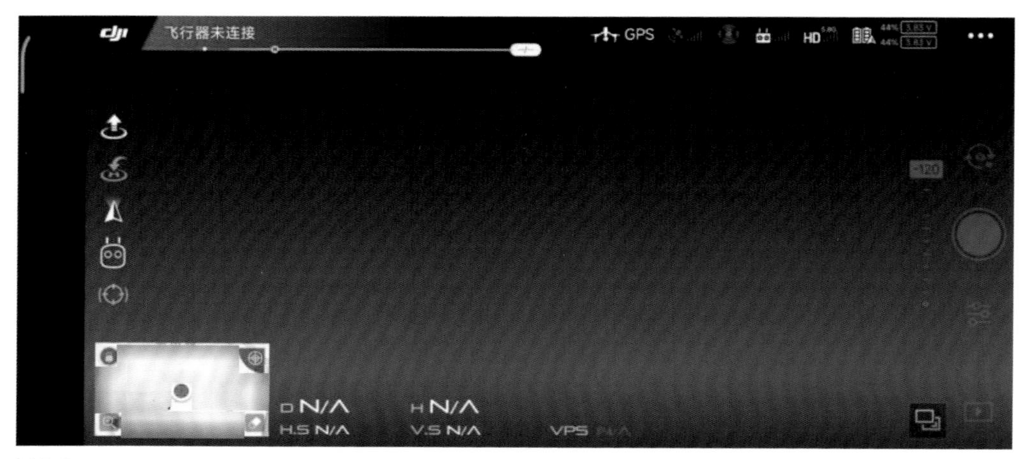

图 1-9

运动模式，大疆称为“S模式”（S挡）。在该模式下，无人机通过GPS模块或下视视觉系统实现精准悬停，相比于GPS模式，在该模式下操作时，无人机灵敏度更高、速度更快。该模式主要为满足部分熟练飞手体验竞速而设置，不建议新手尝试。图 1-10所示为无人机运动模式。

图 1-10

姿态模式，大疆称为“Atti模式”（A挡）。在该模式下，不使用GPS模块和下视视觉系统进行定位，大疆仅提供姿态增稳。实际操作中，无人机会出现明显的飘逸、无法悬停的情况，飞手需要通过遥控器来不断修正无人机的位置。姿态模式考验的是飞手对无人机的操控能力。在一些紧急情况下，需要将无人机切换为姿态模式。图 1-11所示为无人机姿态模式。

图 1-11

手动模式，大疆默认没有该模式。一般使用手动模式的，都是操作穿越机的老手。这种模式下，无人机的所有动作包括稳定姿态都需要飞手通过遥控器来控制，新手操作比较危险。

大疆的飞行模式可通过遥控器上的切换开关进行切换，也可以在大疆App（DJI FLY）后台设置允许切换飞行模式后自由切换。图 1-12所示为利用遥控器上的飞行模式切换开关切换无人机飞行模式，图 1-13所示为大疆App切换无人机飞行模式的界面。

图 1-12

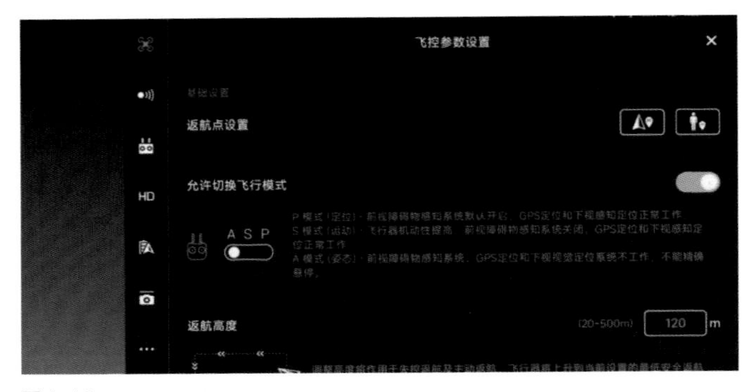

图 1-13

飞行中的注意事项

尽管现在的无人机很智能，但是在飞行中也可能有意外情况导致“炸机”。以下两种情况是最容易遇到的。

无人机信号被干扰

无人机飞行中若遇到高大建筑、山体遮挡或者靠近信号塔，其信号会受影响，导致定位不准、信号中断等情况发生。图 1-14所示为无人机信号中断后的图传画面。当我们遇到上述情况时，可以尝试以下方法。

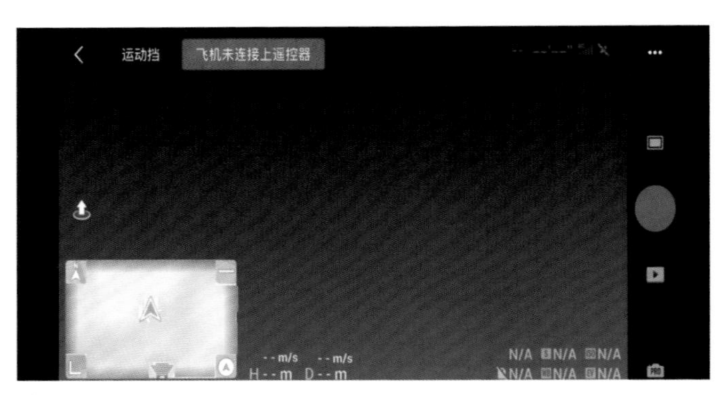

图 1-14

（1）通过调整操纵杆来修正无人机，保持无人机稳定飞行。

（2）飞离干扰区域或尽快找到安全的地点降落。

无人机信号中断的预防措施如下。

（1）避免在高层建筑附近飞行。

（2）避免飞越峡谷底部。

（3）避免靠近信号塔飞行。

● 无人机被反制枪干扰

无人机反制一体化集合了无人机探测设备和无人机拦截设备，不仅能够探测、拦截无人机，还可以对其进行干扰操作，使其自动返航、丢失GPS信号。无人机也可能被当场击落。图1-15所示为无人机被反制枪击落后的残骸。

图 1-15

所以，一定要等更新完返航点后再起飞，如果不知道当地情况而被反制枪警告，通常无人机会丢失GPS信号，可能会自动返航，或者需要手动控制返航。如果在严禁飞行的地方起飞，那无人机会被当场击落，同时飞手会被追究法律责任。

因此，在此呼吁大家，切勿未经允许擅自飞行无人机。

降落时的注意事项

当无人机提示电量低时，我们就需要及时降落无人机，以确保无人机的安全。无人机降落时的注意事项如下。

（1）查看周围环境，看是否适合降落。

（2）保持安全距离对尾降落。

（3）无人机降落完毕，先关无人机再关遥控器。

（4）确保相关设备放置得当。

图 1-16所示为御2严重低电量警报设置界面，新版机型已取消手动设置功能。图 1-17所示为无人机图传低电量警报界面。

图 1-16

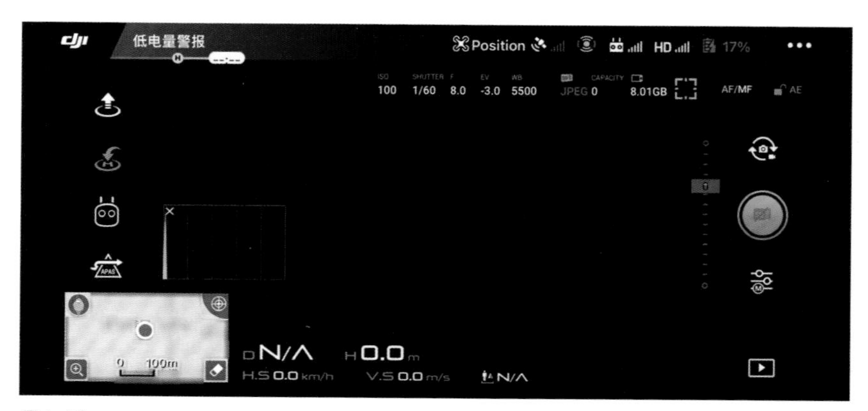

图 1-17

不同环境下无人机飞行需注意的事项

如今无人机已经日渐大众化，我们会在各种环境中使用无人机，比如森林、沙漠、水面等，在这些地方飞无人机需要有丰富的经验。下面介绍在不同环境中使用无人机所需注意的事项。

● 水面

当在水面上航拍时，由于水面是没有纹理的，无人机的视觉定位会受到影响。水面也会影响超声波的定高效果，无人机会出现掉高的状况。我们需要关闭下视觉避障，打一点上升的杆量以保证无人机的安全。图 1-18所示为关闭避障行为的App界面。

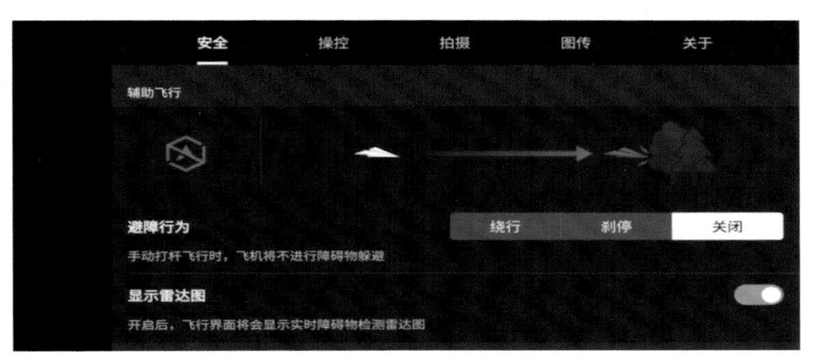

图 1-18

● 夜间

在夜间飞行时，无人机的避障功能是不起作用的，所以我们需要仔细观察周边环境并打开无人机的机臂灯来时刻确定无人机的实时位置，以确保飞行安全。图 1-19所示为设置机臂灯的App界面。

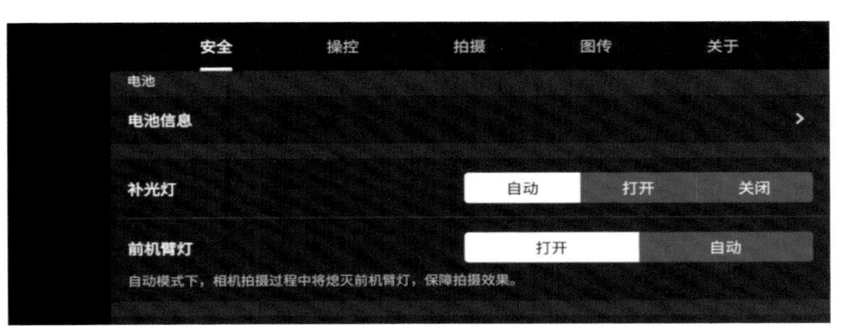

图 1-19

● 沙尘区

当在沙尘区飞行时，无人机起飞会产生较强的风力，会将沙粒卷入无人机镜头、电机、电池仓等关键部位影响飞行安全，所以我们需要手持无人机起飞以避开沙尘的干扰。图 1-20 所示为手持无人机在沙尘区起飞。

图 1-20

● 室内

在室内飞行时，航拍器的GPS不一定可以接收到信号，这会导致无人机进入姿态模式：无人机大范围飘动，极易碰撞周围物体。所以在室内飞行无人机需要将飞行模式切换为A挡。室内飞行无人机对操作者的操控经验要求较高（飞行模式切换可参考图 1-13）。

1.3 遥控器的操作方式（以“美国手”为例）

很多接触过无人机的朋友，想必都听说过“美国手”“日本手”“中国手”，今天我们就来了解一下这三者之间的区别。

其实，“手”是遥控模型的说法。

首先介绍“美国手”。所谓的“美国手”，就是遥控器的左摇杆控制无人机的上升下降、顺时针/逆时针旋转，右摇杆控制无人机的向前向后、向左向右飞行。由于早期使用这种操作模式的航模玩家主要集中在美国，因此这种操作模式被称为“美国手”。图 1-21所示为“美国手”遥控器设置界面。

目前，“美国手”入门相对于“日本手”要简单一些，很多飞手表示“美国手”操作起来比较舒服，因此现在使用“美国手”的飞手有逐渐增多的趋势。

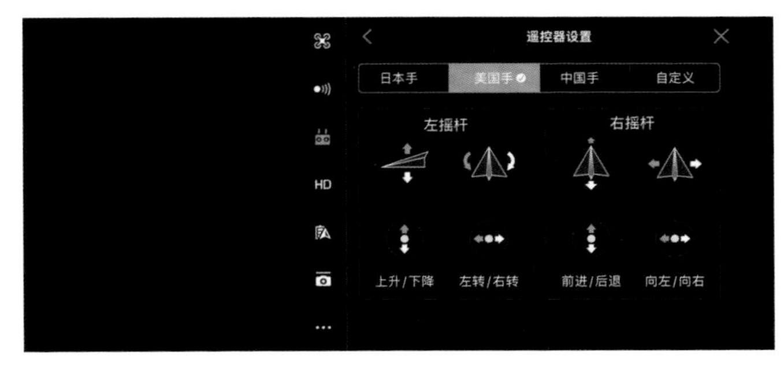

图 1-21

其次是“日本手”。所谓的“日本手”，就是遥控器的左摇杆控制无人机的向前向后飞行、顺时针/逆时针旋转，右摇杆控制无人机的上升下降、向左向右飞行。图 1-22所示为“日本手”遥控器设置界面。

国内有经验的飞手多使用“日本手”，这主要是因为早期国内航模使用的遥控器多为日本产品，所以早期的飞手学习的多为“日本手”，而熟练以后也就没有必要再改操作模式了。

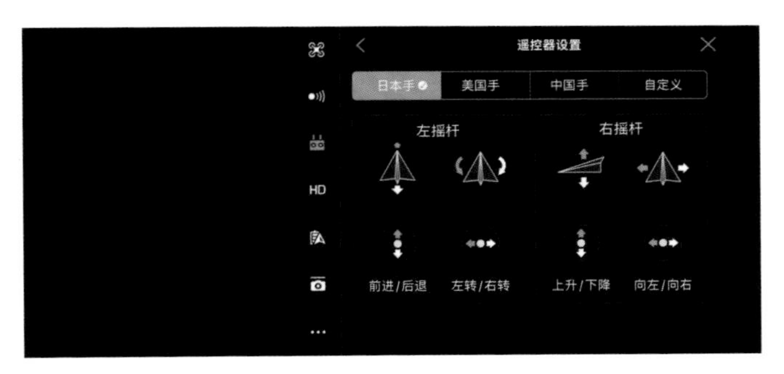

图 1-22

最后是“中国手”。所谓的“中国手”，就是遥控器的左摇杆控制无人机的向前向后、向左向右飞行，右摇杆控制无人机的上升下降、顺时针/逆时针旋转。也就是说“中国手”与“美国手”的操作方式刚好相反。图 1-23所示为“中国手”遥控器设置界面。实际上国内使用“中国手”的飞手比较少，主流的操作模式还是“美国手”和“日本手”。

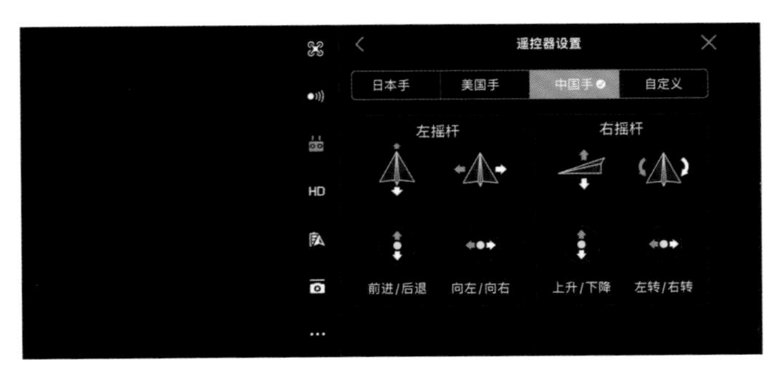

图 1-23

很多飞手刚刚学习无人机操作的时候都会纠结于选择哪一种操作模式，其实每种操作模式都有各自的优缺点，想要完美地飞行，最重要的还是勤学苦练。如果你已经习惯于一种操作模式，那么就没有必要再改变操作模式了，强行“改手”反而容易出差错。

航拍无人机遥控器，作为飞手操控无人机的工具，可谓非常重要。所以在起飞之前，一定要了解遥控器上的各按键及摇杆的功能。下面以某款四旋翼航拍无人机为例介绍遥控器的使用方法。图 1-24所示为四旋翼航拍无人机遥控器。

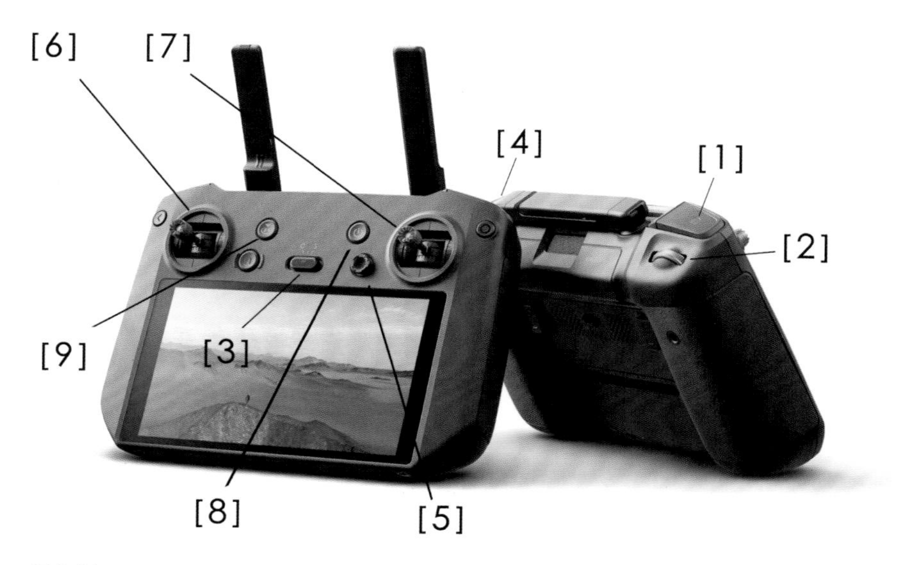

图 1-24

默认功能键的使用

[1] 为视频录制按键。按下后开始录制视频，再按一次会停止录制。

[2] 为云台角度控制滚轮。左右滑动可调整镜头的俯仰角度（垂直方向）。

[3] 为飞行模式切换功能按键。无人机一般建议设在P挡（类似于全自动），以便控制无人机的悬停。建议入门用户优先使用P挡。（如需切换其他挡位可参考本章的“飞行模式”）

[4] 为拍照按键。按下此按键可以拍照。

[5] 为功能键。可设置拍摄功能，根据需要快速切换功能。

[6] 和 [7] 为左摇杆和右摇杆，具体操作见图 1-25。（默认“美国手”操作）

[8] 为电源按键。短按检查电量，长按打开遥控器电源并与无人机连接。

[9] 为智能返航按键。长按此按键直至听到蜂鸣声激活智能返航功能，返航指示灯白灯常亮表示无人机正在返航，无人机将返航至最近一次记录的返航点。在返航过程中，用户仍然可通过遥控器控制飞行。短按此按键即可退出返航功能，重新获得飞行控制权。

摇杆的使用

遥控器的摇杆是用来控制无人机机身运动的，可以选择“美国手”“日本手”“中国手”等不同操作模式，不同操作模式的区别就在于通道的排列不一样。这里以常用的“美国手”为例介绍摇杆的使用方法。

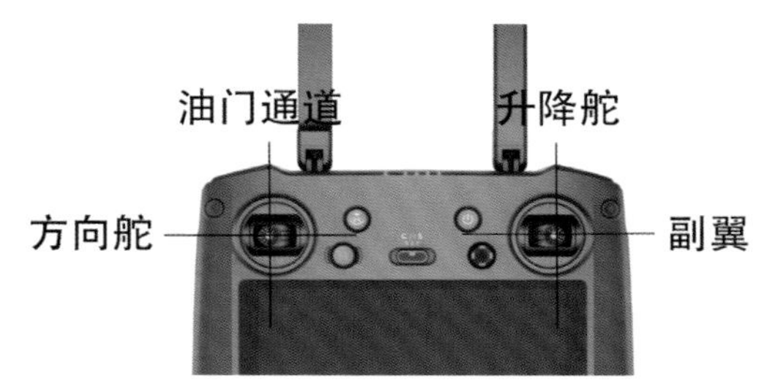

图 1-25

那么无人机遥控器4个通道（见图1-25）各负责操控无人机的什么动作呢？（以“美国手”为例）

第一通道一般指副翼（Aileron），在航拍无人机的应用里，用来控制和改变机身横滚方向（即左右横移）的姿态变化。

第二通道指升降舵（Elevator），在多旋翼里，升降舵是用来控制机身前进与后退的。右摇杆向上推，机身向前飞行；向下拉，机身向后退。

第三通道指油门通道（Throttle），顾名思义，是用来控制发动机或电机转速的。左摇杆上下移动控制油门大小，摇杆向上推，电机转速增加，多旋翼向上拉升。

第四通道指方向舵（Rudder），多旋翼里用于改变机头朝向。在飞的时候，更直观的感受是机身在做自旋转，所以，我们平时也叫方向舵为“旋转”。左摇杆左右摆动控制机头朝向。

云台（以单控为例）的使用

云台可以控制无人机镜头的俯仰，我们可以用手指滑动遥控器的云台拨轮来控制云台的俯仰，从而实现不同的航拍运镜。向右滑动拨轮，云台上仰；向左滑动拨轮，云台下俯。

我们还可以通过改变云台俯仰速度，来调节运镜的流畅度。第一步选择云台高级设置选项，第二步设置云台俯仰速度参数，如图 1-26和图 1-27所示。

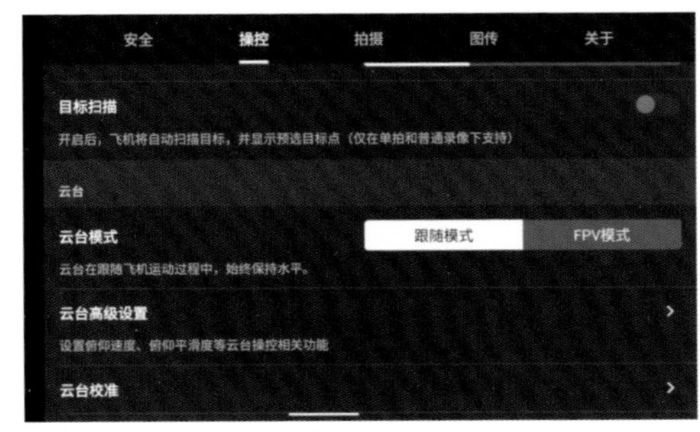

图 1-26

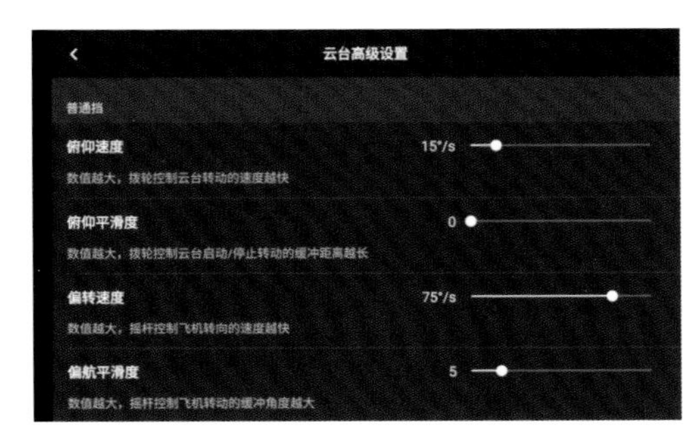

图 1-27

第2章

CHAPTER 2

航拍无人机的选购

随着技术的发展，无人机航拍已成为一种独特的创作手法，其独特的视角催生出视觉感受新维度。不同的无人机价格和性能相差很大，怎么挑选适合自己的无人机，不花冤枉钱呢？本章讲解如何选购适合自己的无人机。

2.1 常用航拍无人机品牌介绍

特殊拍摄角度和方式不仅是一种拍摄的炫技手法，更是一种新的审美感受和美学理念。为相机插上飞行的翅膀，是影视行业的一大突破。那么，我们该如何选购航拍无人机呢?当然是从无人机的品牌开始选起，目前市场上主流的是大疆公司生产的无人机，除大疆外也有一些新兴的无人机品牌陆续出现，有道通、哈博森、诺巴曼、科卫泰、华科尔、派诺特、雅得、司马、亿航等，这些品牌的出现推动了航拍无人机行业的发展。图 2-1所示为常规航拍无人机型号。

图 2-1

2.2 如何选购航拍无人机

从价格和性能分析

新手在选购航拍无人机时，建议选购具有避障功能的机型。不少入门级的产品只有正面避障功能，不能提供全方位的保护。具有避障功能的航拍无人机一般价格会高一点，但价格再贵，也比毁坏后的维修费便宜。带避障功能的无人机一般都有更好的视觉定位功能，在 GPS 信号较差的室内也能稳定悬停，大大减少了“炸机”的风险。

无人机性能的提升必然带来价格的大幅上涨，更高级的无人机往往还意味着更复杂的维护保养，因此没必要为不必要的性能买单。性能正好满足需求，稍微有冗余就足够了。

◆ 入门级、进阶级、专业级

很多人都听过、看过无人机，但没有入手，这可能是因为他们对这类产品的卖点、功能不太熟悉。对于很多人来说，无人机选购是一大难题。下面对无人机进行分类，以便大家在选购时参考。

● 入门级

对于航拍无人机的机型，以大疆为例，大疆入门级可选的机型目前有多个，如大疆Mini SE、Mini 2、Mini 3 Pro等。三种机型的飞行性能几乎一样，但图传方案和拍摄性能有较大差异。Mini SE支持2.7K视频拍摄，使用Wi-Fi图传，有障碍时图传易卡顿，适合画面要求不是特别高的拍摄。Mini 2支持4K视频拍摄，使用OcuSync 2.0的图传方案，入门级足够用。Mini 3 Pro支持4K视频拍摄，使用OcuSync 3.0的图传方案，更有竖拍模式和夜景原生ISO可供选择，可以说是自媒体从业者的入门神器。图 2-2所示为大疆Mini 3 Pro部分参数介绍。

图 2-2

● 进阶级

进阶级无人机包括大疆Air 2S、Mavic 2（御2）和Mavic Air 2。我们来介绍下Air 2和Air 2S，Air 2机身比Air 2S轻，在无人机飞行配置上，Air 2只有前、后、下三个方向的避障功能，用的是OcuSync 2.0 图传方案，而Air 2S有前、后、上、下四个方向的避障功能，用的是更新的OcuSync 3.0 图传方案。两款更大的差异来自镜头，Air 2的CMOS小于Air 2S，Air 2在拍视频方面最大支持4K，Air 2S最大支持5.4K。从预算和使用角度分析，Air 2性价比更高；从拍摄追求角度分析，Air 2S更值得入手，当然价格也更贵。图2-3所示为大疆Air 2S部分参数介绍。

图 2-3

● 专业级

专业级无人机包括大疆Mavic 3系列（御3）和Inspire2（悟2）。大疆Mavic 3系列是哈苏镜头加长焦镜头的双镜头组合，其中哈苏镜头具有4/3英寸（1英寸≈2.54厘米，余同）大底，各类智能模式、更长的续航时间和更好的图传方案及全向避障是这个系列相较于进阶级无人机的优势。大疆Mavic 3系列同时也有Cine专业版，可支持ProPes 422 HQ格式，相较于H.265可以获得更好的图像细节。图 2-4所示为大疆Mavic 不同系列和Air 2S部分参数的对比。

隐藏相同选项	DJI Mavic 3	DJI Mavic 3 Classic	DJI Air 2S
影像传感器	哈苏相机： 4/3 CMOS，有效像素 2000 万 长焦相机： 1/2 英寸 CMOS，有效像素 1200 万	哈苏相机： 4/3 CMOS，有效像素 2000 万	1 英寸 CMOS，有效像素 2000 万
镜头	哈苏相机： 视角：84° 等效焦距：24 mm 光圈：f/2.8 至 f/11 对焦点：1 米至无穷远 长焦相机： 视角：15° 等效焦距：162 mm 光圈：f/4.4	哈苏相机： 视角：84° 等效焦距：24 mm 光圈：f/2.8 至 f/11 对焦点：1 米至无穷远	视角：88° 等效焦距：22 mm 光圈：f/2.8 对焦点：0.6 米至无穷远

图 2-4

接下来介绍悟2，不考虑画质外的因素，悟2的表现比御3更优秀。悟2有禅思X5S和X7选配，分别为4/3英寸大底和1英寸大底，同时可配备ProPes和DNG格式录制视频，也支持双人操控，让影视创作有了更多可能。在专业领域，悟2仍是航拍界的王者。至于搭载电影机的航拍无人机这里就不进行讲解了，这些只是少数专业领域的从业者所配备的，大家有兴趣可以自行去了解。关于悟2的更多参数和拍摄功能大家也可以去大疆官网了解，这里我们就不再赘述。

拍摄参数及功能介绍

要学好航拍首先需要了解如何设置各种拍摄参数以拍出正确的、可用的画面，在此基础上再循序渐进。现代航拍无人机为我们提供了相当多的飞行及拍摄模式，使用起来非常简单，让我们不用进行复杂的操作就可以拍出动感炫酷的延时大片。本章就为大家详细介绍无人机的航拍参数及常用功能。

3.1 常用参数介绍

很多航拍爱好者往往会在参数设置方面遇到各种各样的问题。面对同样的场景，自己拍出来的作品和别人拍出来的作品差异很大，出现这种情况的原因很可能是参数设置不当。本节从拍摄格式、白平衡、曝光三要素（光圈、快门速度、ISO）和直方图四大方面来为大家讲解常见的拍摄参数设置方法。

照片和视频常用拍摄格式

下面介绍照片和视频常用的拍摄格式。

照片格式设置

无人机照片存储模式有 JPEG / RAW / JPEG+RAW 三种可选。JPEG是日常图片常见的处理格式，是拍摄后经过简单处理得到的图像，虽然丢失了一点细节，但是占用内存不多。RAW 则保留了传感器的原始信息，能够为后期处理提供更多空间。如果想要在无人机拍摄后期上精进，建议采用 RAW 格式进行拍摄。RAW格式的照片存储量较大，写入速度也会相对较慢。图 3-1所示为无人机拍摄照片格式设置界面。

图 3-1

视频格式设置

视频格式贯穿拍摄、后期处理以及上传，拍大片选择合适的格式能让我们得到更高的画质。

拍摄格式建议优先选择MOV，其次是MP4格式。常规的无人机有5.1K、4K和1080P这3个视频格式可选。在条件允许的情况下，优先选择5.1K，其次是4K，最后是1080P，这样可以方便后期二次构图。根据需要，帧数一般选择25帧及以上就可以得到比较流畅的画面效果。在能够得到准确曝光的条件下，尽量选择高帧率的视频格式，比如50帧、60帧。高帧率拍摄的视频会更加丝滑，也有更大的剪辑空间，适合制作慢动作的效果。图 3-2所示为无人机拍摄视频格式设置界面。

图 3-2

白平衡

有很多摄影新手在拍照的时候会忽略一个设置——白平衡设置。那什么是白平衡呢？简单来说，白平衡就是让照片的白色物体在不同的光线环境下还原出“白色”，使画面颜色更接近肉眼看到的颜色。在不同的光线下拍摄出来的照片会有色偏，我们需要用白平衡来调整。图 3-3 所示为白平衡调节界面。

图 3-3

白平衡的实现靠色温，白平衡和色温应怎么理解呢？白平衡是为了校正色温。当拍摄落日的时候，天空被落日渲染成金黄色，此时的色温值是3000K~4000K，在相机内将色温值调整至3000K会发生什么呢？你会发现整个画面都变蓝了。为什么呢？人的眼睛有自动识别光线的本能，但相机是没有的，这就需要靠相机参数来改善照片颜色。相机里的色温数值越低，拍的照片越偏蓝、偏冷。例如家庭灯光下拍照，开正常色温拍照就会使整个画面偏蓝，这时就需要把色温值调高点，这就叫反向补偿！

大家可以通过图 3-4直观地看出色温对照片颜色的影响。

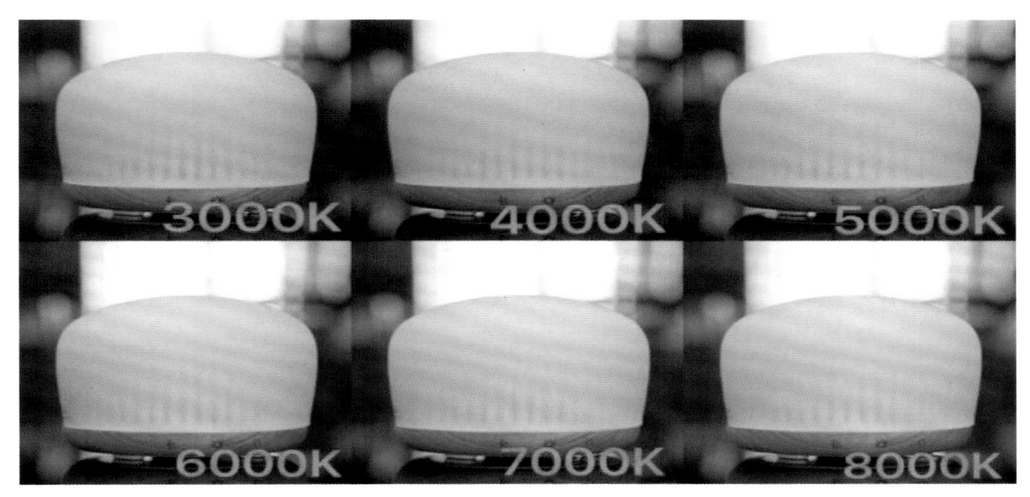

图 3-4

在不同的环境中拍摄要使用不同的色温值，使用正确的色温值，便能得到正确的色彩还原。同时，合理地利用色温也可以拍出不同色彩的照片。色温值低于环境值就会得到一张偏蓝的照片，色温值高于环境值就会得到一张偏黄的照片，色温值等于环境值就会得到一张原色的照片。

阴天的色温值较高，色温值高于6000K的环境值表现为蓝色，如图 3-5所示。

图 3-5

傍晚的色温值较低，色温值低于3300K的环境值表现为黄色，如图 3-6所示。

图 3-6

充分理解色温和白平衡之间的区别和联系，就可以根据自己的需求去调整照片的色温。

光圈

光圈是曝光三要素之一，改变光圈、快门速度和感光度（ISO）可以控制曝光。当快门速度和感光度不变时，改变光圈的大小可以控制进入镜头的光线量。光圈开得越大，进入镜头的光线量也就越多。

合适的光圈大小能带来正常的曝光。如果光圈过大，会导致曝光过度，过小则会导致曝光不足。光圈不仅可以用来调节曝光量，也可以用来控制画面的景深。景深与光圈的关系是：光圈越大，景深越浅；光圈越小，景深越深。光圈越小，相对应的光圈数值越大，比如f/22的光圈小于f/16的光圈。

在航拍中，光圈设置为f/5.6~f/11会是一个不错的选择，可以获得较好的画面质感和锐度，让画面更加出彩。图 3-7所示为用小光圈f/11拍摄的桥梁视频截帧。

图 3-7

拥有一个大光圈的航拍镜头，对暗光环境或者夜景的航拍更加有利，我们可以大胆选择更大的光圈去拍摄，这比单纯提高ISO来加快快门速度更有效。因为航拍相对地面拍摄有更大的景深，尽管光圈调得很大，其对航拍画面的影响也是微乎其微的。暗光环境下的大光圈可以使我们在保证安全的快门速度的同时获得更低的感光度，保证正常拍摄画面和避免大量噪点的产生。图 3-8所示为大光圈f/1.7拍摄的陆家嘴夜景视频截帧。

图 3-8

快门速度

快门速度是指相机在拍摄时快门保持开启状态的时间，（可以控制光线进入相机的多少）。当光圈和感光度不变时：快门速度越快，到达相机传感器的光线就越少，图像就越暗；快门速度越慢，图像就越亮。

快门速度决定了照片中运动主体的形态：高速快门可以捕捉到运动主体的瞬间姿态，适合抓拍，拍摄到的主体大多比较清晰；慢速快门主要记录画面中光点的移动轨迹，比如车轨、星轨、光绘等。当我们拍摄速度恒定的一个人或物时，快门从高速快门慢慢转变为慢速快门，运动主体变化如图 3-9所示。

图 3-9

不同快门速度下相同物体的运动变化为：同样速度的同一个运动主体，快门速度为1/500秒时，其运动瞬间被抓拍到，清晰可见；快门速度降到1/30秒时，运动主体就有些模糊了；快门速度为1/2秒时，运动主体出现明显的虚影了。在航拍中，合理地使用快门速度可以得到不同的拍摄效果。图 3-10所示为慢速快门拍摄的上海南浦大桥和车流。

图 3-10

ISO

ISO即感光度，是曝光三要素之一，提升相机的ISO可以提高画面的曝光度。在目前的影像市场上，除了一些高端电影机会使用原生ISO之外,一般的航拍机和消费级相机都会在保证正确曝光的情况下使用较低的ISO,以得到相对好的画质。使用较高的ISO，可减少由相机晃动产生的模糊，并可减少曝光所需时间，但会弱化影像细节的表现；使用较低的ISO，可使拍摄的图像噪点少，但曝光时间相对增加，且图像较易受晃动影响。

一般航拍无人机在普通模式下感光度ISO小于等于800时可以获得较为纯净的画面。很多入门级无人机在暗光环境下感光度提升到感光度ISO1600以上后，画面会出现肉眼可见的噪点，提升到感光度ISO6400之后画面会出现非常明显的噪点，再提升感光度，照片基本不具备使用性。图 3-11 所示为不同感光度下的画面噪点。

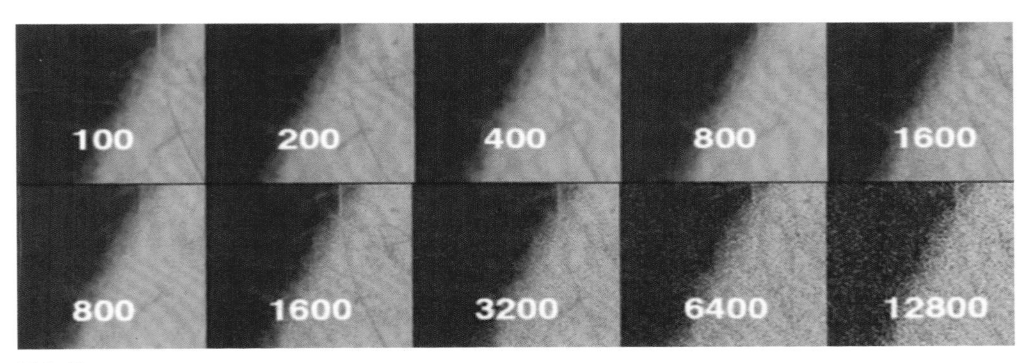

图 3-11

相机产生噪点的情况有两种，一种是高感光度拍摄，另一种是长时间曝光。在日常航拍时，绝大多数使用高感光度拍摄的照片，都会因为感光度过高产生噪点。长时间曝光产生噪点，也是因为数码相机使用电子传感器。在长时间曝光时，传感器会发热，热量的提升会影响传感器的感光性能，从而在画面上形成噪点。因此，在航拍时，尽量规避上述两点，可以有效地减少噪点，以获得相对干净的画面。

直方图

学航拍除了要了解光圈、快门速度、ISO，还要知道照片和视频怎样才算恰当曝光。相机的直方图（Histogram），就是判断曝光度的好帮手，如图 3-12所示。

图 3-12

无人机航拍新手初次看到直方图都不知其意，其实直方图就是照片像素的明暗分布，其中，左端代表暗部，右端代表亮部，中间代表中灰（Middle Gray）！每张照片都有相应的明暗分布图，显示从极黑到极白之间各个亮度的像素，也就反映出照片的曝光情况。

图 3-13画面各部位的亮度情况就对应着直方图中的各像素点，这个画面对应的直方图像素分布很极端，多处于暗部及亮部两端，而中灰区域很少，由此可以推测出照片的明暗对比很强。学会看直方图，便可以更准确地判断画面的曝光情况，防止过曝或欠曝的情况发生。

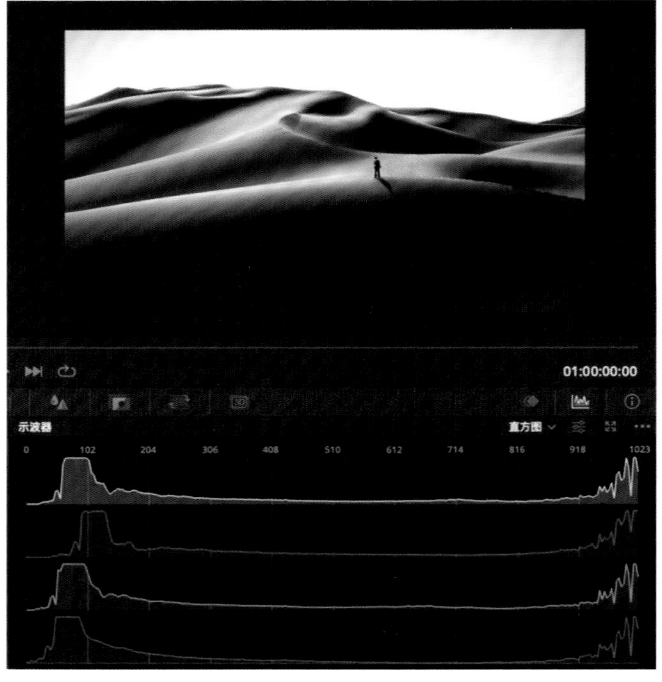

图 3-13

3.2 无人机自带拍摄功能的介绍（以御3为例）

随着科技的发展，航拍无人机制造技术也越来越成熟，很多相机才有的功能也被植入无人机，智能的一键成片功能，更给无人机航拍带来了更多可能。本节为大家介绍无人机自带的一些拍摄功能。

延时功能

延时摄影视频最大的亮点是可以压缩时间。延时摄影可以选择间隔几秒拍摄一张照片，然后将几分钟、几小时甚至是几天内拍摄的几百、几千张照片合成一段十几秒的视频。

航拍延时摄影具有时间压缩的功能，特别适合拍摄车流人流、日出日落、云海起伏、白云飘动等画面中有移动元素的场景。

大疆御3无人机可以自动把几百张照片按照每秒25张合成一段视频。具体计算公式为：

视频时长（秒）=航拍照片总张数/25。

如要拍摄一段10秒的延时视频需要拍摄250张照片。

延时视频也可以通过将正常拍摄的视频加速处理的方法得到，但是由于大疆御3拍摄视频时的最慢快门速度是有限的，在暗光环境或夜景下拍摄视频必须使用高感光度，从而导致噪点增加、画质下降。而照片延时摄影可以使用较慢的快门速度（可以低至5秒）、较低的感光度拍摄，从而大大提高最终视频的画质。图 3-14为借助延时摄影拍摄的杭州彭埠大桥视频的截图，图 3-15为所拍摄的延时序列。

图 3-14

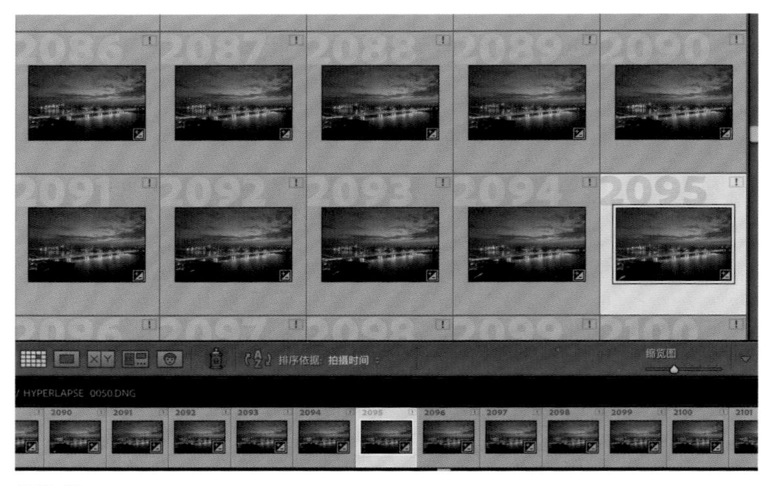

图 3-15

- **延时摄影参数设置**

在使用延时功能之前，需设置好拍摄参数。下面介绍延时摄影参数设置。

- **感光度（ISO）设置**

使用延时功能拍摄时不要设置自动感光度，而需要根据光线情况设置ISO，白天可以设置为感光度ISO100，夜晚根据实际情况设置得高一些。为什么不使用自动感光度呢？因为在航拍过程中可能会遇到光线变化，如果设置自动感光度，相机自动调整感光度，会导致画面出现忽明忽暗、曝光不匀的状况，这样后期合成的延时视频会出现频闪现象，处理起来非常麻烦。

- **白平衡设置**

建议设置手动白平衡，使所有照片的色彩一致，图 3-16所示为手动白平衡设置界面。一般白天拍摄可以把白平衡手动设置为5500K左右，夜晚拍摄可以设置为4000K左右。

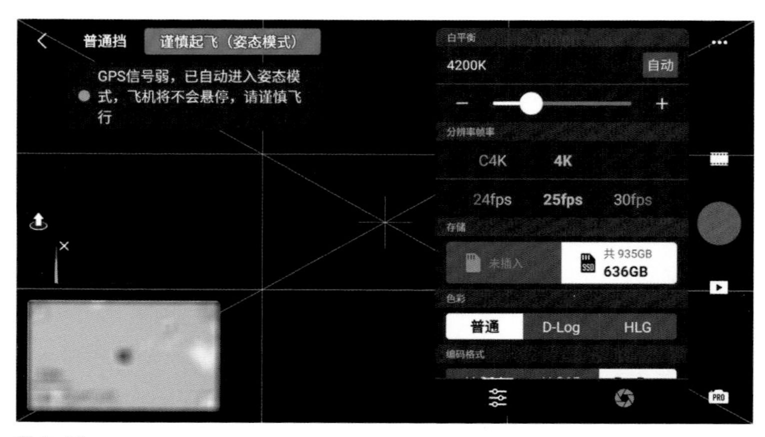

图 3-16

● 曝光模式设置为光圈优先（A）或者手动曝光（M）

使用延时功能拍摄时需要根据光线情况选择光圈优先或者手动曝光：如果拍摄过程中光线变化很小，就选择手动曝光模式，保证所有照片明暗一致。如果拍摄过程中光线变化非常大，比如拍摄日出日落，应该选择光圈优先模式，这样在光线变化后相机会自动调整快门，保持照片明暗不变，而如果使用手动曝光模式，光线变化后照片的明暗会随着变化，导致照片或明或暗，后期视频出现频闪现象。

● 设置保存延时摄影原片

在照片格式设置界面，可以选择是否保存延时摄影原片。如果不选"保留原片"，则只有无人机自动合成的1920像素×1080像素的视频，就无法在后期通过照片合成延时视频。如果后期要通过照片合成视频，可以选择保留RAW格式原片。大疆御3的延时视频合成算法非常好，去抖动的效果也不错。不愿意后期合成的朋友直接使用无人机合成的视频也没什么问题，当然如果是拍摄商用视频，肯定还是需要自己进行后期处理的。 图 3-17所示为延时摄影原片格式设置。

图 3-17

● 取景构图

在相机界面决定好画面构图，需要注意的是，延时摄影在构图时前景不要靠得太近，以减少画面抖动。

● 4种延时模式详解

大疆御3移动延时功能包含自由延时、环绕延时、定向延时、轨迹延时四个子模式。在确保无人机电量充足并处于P挡后，点击 DJI FLY App 相机界面的智能飞行图标即可进入智能飞行功能选择界面，点击"延时摄影"，界面上将出现四种子模式：自由延时、环绕延时、定向延时和轨迹延时，如图 3-18所示。

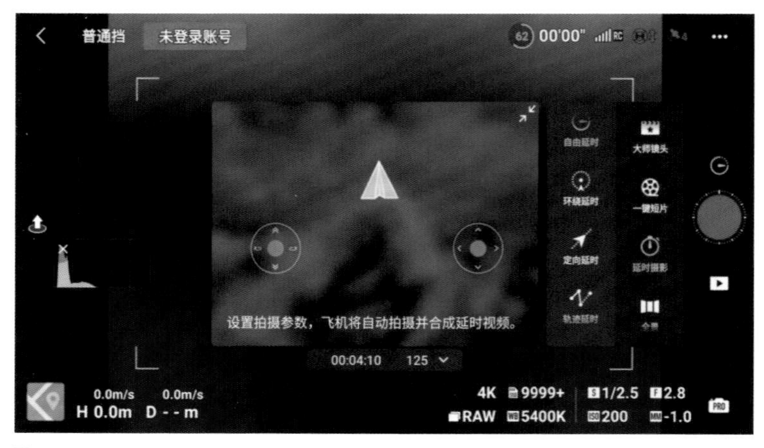

图 3-18

● 自由延时

第一个模式是自由延时，在这种模式下拍摄可以控制无人机姿态和云台俯仰角度。通过设置参数，无人机将在设定时间内自动拍摄一定数量的照片，并生成延时视频。在无人机未起飞的状态下，可在地面进行拍摄；起飞状态下可以通过打杆自由控制无人机和云台角度，保持打杆状态两秒并按下遥控器 C1 按键可进入定速巡航，定速巡航状态下仍然可以自由打杆调整飞行方向。

操作步骤

（1）设置拍摄参数，包括拍摄间隔、视频时长、最大飞行速度。屏幕将显示拍摄张数和拍摄时间。

（2）点击右侧红色拍摄按键开始拍摄。

（3）观察DJI FLY App界面，自由延时拍摄完成后，屏幕会显示“正在合成视频”字样，等待片刻后视频合成完成，点击回放可以看这一段延时视频。在拍摄延时视频时，如果显示低电量提示，随时可以终止拍摄返航。

在自由延时模式下，无人机除了可以在飞行中拍摄外，还有两个常用的用途。

（1）在地面上充当相机拍摄延时视频。

（2）起飞后不打杆可以悬停在空中拍摄固定机位延时视频。

● 环绕延时

在环绕延时模式下，无人机以拍摄目标为圆心，环绕飞行并生成延时视频，如图 3-19所示。选取好兴趣点后，无人机将在环绕兴趣点飞行的过程中拍摄延时影像，开始拍摄前可选择顺时针飞行和逆时针飞行。拍摄过程中若打杆则无人机自动退出任务。

操作步骤

（1）设置拍摄参数，包括拍摄间隔、视频时长、速度和环绕方向（顺时针、逆时针）。设置好后屏幕将显示拍摄张数和拍摄时间。

（2）框选目标。

（3）点击右侧红色拍摄按键开始拍摄。

（4）拍摄结束后自动合成视频。

图 3-19

● 定向延时

无人机锁定当前朝向为航行方向，锁定朝向后，无论机头朝向如何，无人机将沿锁定方向直线飞行，并跟随目标进行拍摄，如图 3-20所示。拍摄时选取兴趣点及航向，无人机将在定向飞行的过程中拍摄延时影像，如图 3-21所示。定向延时模式下无人机直线飞行：调整无人机航向，不框选飞行目标，在只定向的情况下可打杆控制机头朝向和云台俯仰角度，拍出完美的直线行进的延时视频。拍摄过程中若打杆则无人机自动退出任务。

图 3-20

图 3-21

操作步骤

（1）设置拍摄参数，包括拍摄间隔、视频时长、飞行速度等。设置好后屏幕将显示拍摄张数和拍摄时间。

（2）设定航向。

（3）框选目标(可选)。

（4）点击右侧红色拍摄按键开始拍摄。

（5）拍摄结束后自动合成视频。

● 轨迹延时

在轨迹延时模式下，无人机根据预设的场景和航线自动飞行并拍摄，拍出具有动感的延时画面，如图 3-22所示。除了设置拍摄参数，还需要选定 2~5 个取景点和镜头朝向，无人机将按照取景点连成的轨迹自动飞行并拍摄延时影像。开始拍摄前可选择取景点正序和倒序飞行。拍摄过程中若打杆则无人机自动退出任务。

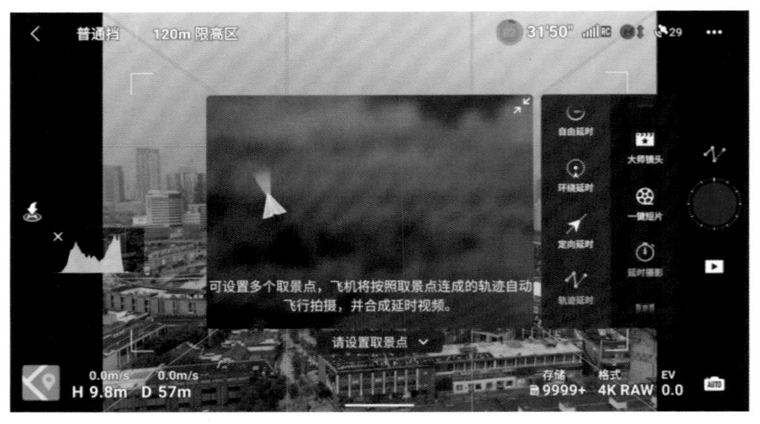

图 3-22

轨迹延时可以把无人机飞行的轨迹分几个规划点记录下来。可在App界面上逐一添加规划点，规划出一条理想的飞行路线。注意增加的规划点之间镜头朝向的变化要大于0，否则无法添加。

规划点增加完毕后，可以点击保存按钮，把无人机的飞行轨迹，包括规划点、飞行航向、高度、速度、相机仰俯角度等主要参数保存下来。在下次飞行时载入这条飞行路线，即可让无人机再次按照这条路线飞行，这对拍日转夜延时很有用。图 3-23至图 3-25所示为轨迹延时拍摄组图。

图 3-23

图 3-24

图 3-25

下次拍摄时，如果想调用以前保存的轨迹，可以点击左侧的任务库图标进入任务库，让无人机再次按照已保存的轨迹飞行并拍摄，如图 3-26所示。

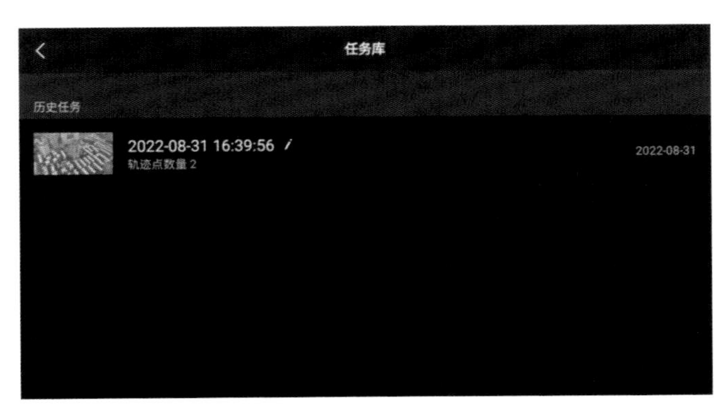

图 3-26

操作步骤

（1）设置多个取景点和镜头朝向，规划出一条飞行路线。DJI FLY App根据设置的轨迹自动计算，屏幕将显示拍摄张数和拍摄时间。

（2）点击“保存”按钮，保存轨迹以便以后重复使用。

（3）点击右侧红色拍摄按键开始拍摄。

（4）拍摄结束后自动合成视频。

全景功能

当遇到壮阔的场景时，通常我们会用广角镜头去拍摄，让画面更具视觉冲击力，但广角镜头的视野毕竟受限制，在拍摄大场景时仍有不足。这时全景拍摄就派上了用场，全景拍摄就是前期拍摄多张照片，后期将其拼合成一张大照片的技术。

全景拍摄特别适合拍城市风光，可以把整个城市全部拍进一张超大照片里。无人机比较灵活，在拍摄全景照片时具有很大的优势。大疆御3具有"一键全景"功能，只要在 DJI FLY App 上轻轻点击，无人机就可以自动完成全景拍摄，轻松拍出全景大片。图 3-27所示为重庆全景照片。

图 3-27

那么我们现在来深入了解一下如何使用大疆Mavic 3无人机的全景功能。

首先，进入DJI FLY App，从相机界面进入拍照模式设置界面，选择“全景”，左方总共有四种模式可选择，包括球形、180°、广角和竖拍，如图 3-28所示。

图 3-28

（1）球形全景。无人机向各个方向拍摄几十张照片，保证360° 都被拍到，自动拼成一张球形全景照片，如图 3-29所示。

图 3-29

（2）180° 全景。180° 全景图是横向拍摄拼接的全景照片。设置好参数并按快门后，无人机会自动拍摄21张照片，然后合成全景图。180° 全景是我们实拍中最常用的一种。

（3）广角全景。广角全景模拟超广角镜头的效果。

（4）竖拍全景。竖拍全景是上、中、下共拍9张照片后合成全景图，特别适合拍摄高楼大厦和表现道路的纵深感。

用大疆御2无人机进行全景拍摄非常简单，设置好拍摄模式和曝光参数后，将无人机飞到合适位置，按快门后无人机就会自动拍摄，拍摄完成后会自动合成全景照片。

在拍摄全景照片时，如果照片要商用，建议保存原片并将原片类型设置为RAW，后期再借助PS、LR、PTGui等软件进行处理，这样得到的全景照片将拥有良好的画质。图 3-30所示为全景拍摄原片类型设置。

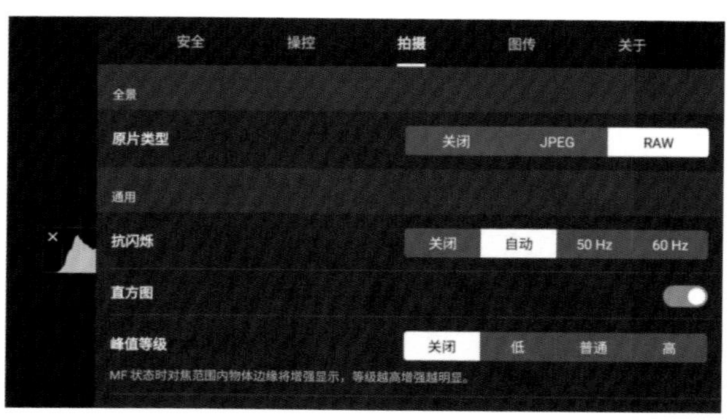

图 3-30

其他功能

以大疆御3为例，它的拍照功能除了延时和全景外，还有单拍、纯净夜景、HDR、连拍和AEB连拍。其中，单拍属于常规拍摄，它操作快捷简便，一键成图，后期调整照片也很方便。

纯净夜景是无人机在弱光环境下经过自身的智能计算后进行拍摄，它给夜间拍摄带来了操作上的便利，但利用此功能拍摄的图像不能完全达到预期的高画质，其适合不会后期处理的使用者。

HDR是高动态范围拍摄图像，可以提供更高的动态范围和图像细节，反映贴近现实的视觉效果。HDR适合在亮度、色彩对比较大和夜间环境下拍摄，但自动生成的HDR图片是JPG格式的，后期调整会受到限制。

连拍是在同一设置下的多张连续拍摄，它可以在风力较大的环境中保证拍出清晰的照片。连拍还可以在动态抓拍时使用。

AEB连拍又称AEB包围曝光连拍，开启后，无人机会使用不同的曝光补偿值连续拍摄3~5 张准确曝光、曝光不足、曝光过度的照片。图 3-31所示为日出大光比环境包围曝光。

图 3-31

AEB连拍功能需要后期进行曝光合成，可以使用Lightroom的“合并到HDR”功能实现。多张曝光不同的图片经过后期堆栈处理，最终合成一张曝光正确、动态范围比较大的照片。除了可以使用自动包围曝光，还可以手动包围曝光：在固定ISO和光圈的情况下，分别用从快到慢的快门多拍几张也能实现与自动包围曝光相同的效果。图 3-32所示为夜景包围曝光。

图 3-32

上述拍照功能主要是为了解决在弱光环境、大光比环境和夜间环境中的拍摄问题，在白天或者光照条件较好的情况下用普通拍摄模式也能拍出很好的照片。当遇到上述比较复杂的情况时可以根据自己的需求选择不同的拍摄功能进行拍摄。

姿态球

姿态球是DJI FLY App中显示无人机姿态变化的可视化工具，对安全飞行和防止“炸机”至关重要。航拍新手往往不知道如何打开并看懂姿态球。下面为大家解析大疆无人机的姿态球。

姿态球是显示无人机姿态变化的可视化工具，可以帮助我们判断风向和风力大小，判断是否需要迅速返航，减小飞行意外发生的风险，防止“炸机”。

开启遥控器和无人机后，在手机上进入DJI FLY App，在图传界面的左下角显示的是地图，如图 3-33所示。点击左下角的小地图后，可以根据提示切换到姿态球模式，如图 3-34所示。

姿态球的具体含义如下。

（1）蓝色箭头：无人机机头朝向。

（2）蓝色箭头下的绿光：云台相机的方向。

（3）N：正北朝向。

（4）白色小标：遥控器（移动设备指南针）的朝向。

（5）蓝色与灰色的比例：无人机的倾斜姿态。

（6）姿态球的中心点H：Home点位置。

图 3-33

图 3-34

第4章 航拍构图

CHAPTER 4

好的航拍作品一定离不开好的构图。构图起着突出主体、吸引视线、简化画面及保持画面均衡的作用。构图是画面效果的重要影响因素。本章结合一些实拍案例介绍航拍中常用的构图手法。

4.1 取景

起飞无人机之后首先要找到抢眼的拍摄主体，一旦找到了拍摄主体，画面瞬间就有了主题。图 4-1所示为云海与日出中的高楼。图像元素中主体越突出越好，这意味着关注本质，忽略不重要的因素。

图 4-1

好的取景，就是通过取舍图像元素达到突出主题、提炼内容的目的。航拍中简化内容的最佳方式就是降低飞行高度、靠近拍摄主体，让拍摄主体占据更多画面，尤其要避开杂乱、色彩鲜艳且与主体无关的元素，比如路边的垃圾桶、正在施工的工地等。

4.2 网格辅助线

在使用无人机拍摄的时候建议开启网格线来辅助优化构图。打开网格辅助线，包括斜线，最中间的位置就是无人机的水平位置。打开网格辅助线可以让我们在拍摄中更精准地判断主体在画面中的位置。图 4-2所示为网格辅助线设置界面，图 4-3所示为打开网格辅助线后的拍摄界面。

图 4-2

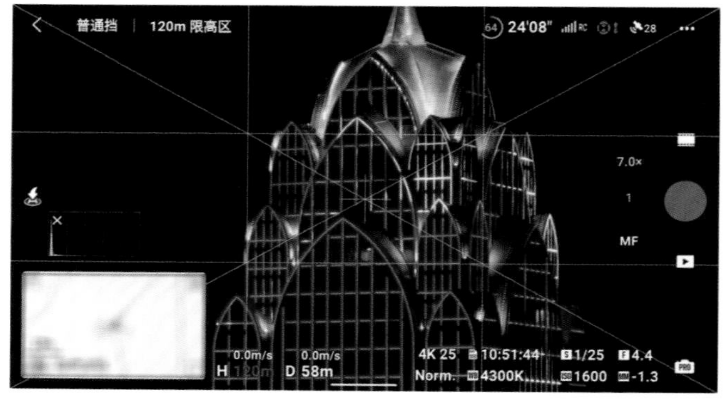

图 4-3

4.3 对比构图

对比是非常有效的航拍构图手法。通过景物之间的明暗对比、色彩对比、虚实对比、空间对比等强调景别之间的差异，增强照片的视觉冲击力和艺术感染力。对比构图的重点在于观察。我们要善于发现景别之间的差异，并在构图时将其表现出来。

明暗对比

在航拍中，环境的明暗变化可以表现空间感，尤其是在侧光或逆光拍摄时，明暗对比可增强画面的纵深感。在透视规律中，除了线条透视外，还有空气透视，透视可以提升画面的质感，同时增强空间的趣味性。图 4-4所示为晨光熹微时的贵州肇兴侗寨。

图 4-4

由于空气中含有无数的尘埃，在逆光拍摄时，这些尘埃有一定的阻光作用，从而使前后景物的色调发生变化：前景轮廓清晰，色调暗；远景轮廓模糊，色调明。通过明暗的对比，摄影作品的立体感和空间感增强。此外，明与暗之间有无数个中间亮度层次，它们可以在一个平面上呈现出凸起和凹下去的视觉效果， 从而形成一个个逼真的立体形状。

色彩对比

色彩对比在航拍中极其重要，色彩可以增强画面的视觉冲击力，提升主体的表现力，增强画面的层次感。

在航拍中我们常遇到具有冷暖色对比的环境。在创作时，可以利用暖色调的自然光建立冷暖对比关系，这样可以让平淡的照片变得精彩起来，让画面层次更丰富。图 4-5所示为日出时的上海。

图 4-5

还可以利用道路上的暖色车灯等人造暖色光，建立互补色反差对比，让画面层次更丰富，也使画面充满大自然的“颜色情绪”。

虚实对比

摄影里，前景虚化和背景虚化常常用来突出主体。而在航拍中，也可以借鉴虚化的原理，让大自然的云雾成为你的“大光圈”，360° 提供虚化功能。图 4-6所示为云雾中的岳林寺。

图 4-6

空间对比

元素之间的前后、远近关系，营造出画面的空间感。在航拍时可以根据近大远小的透视原理，营造出近、中、远景的画面层次，用长焦镜头拍摄效果更佳。图 4-7所示为黄昏时的山城重庆。

图 4-7

4.4 点构图

点构图是指拍摄主体在画面中占比较小的构图方式。作为主体的点称为主体点。主体点可以是单点，比如大海中的一条船、云雾中的一幢楼，也可以是一小块区域。常见的点构图有中心点构图、九宫格构图等。

中心点构图

中心点构图简单来说，便是将主体放置在画面中央进行拍摄，横竖构图均可。相比其他航拍构图方法而言，中心点构图是比较简单也比较容易掌握的一种方法。图 4-8所示为利用中心点构图拍摄的上海陆家嘴。

图 4-8

中心点构图的特点是能充分体现主体本身。这种构图方法的最大优点就在于主体突出、明确，而且画面容易取得左右平衡的效果。图 4-9所示为利用中心点构图拍摄的中国澳门新葡京。

图 4-9

看似毫无技术含量的中心点构图方法，也有一些需要注意的细节和技巧。中心点构图的画面容易凌乱，构图不当会令照片显得呆板、沉闷。在拍摄时，对于放在中间的主体、拍摄角度以及背景都需慎重选择。

九宫格构图

在画面的竖向和横向各“画”两条直线组成一个“井”字，画面被均分为九个格，称为“九宫格”。竖线和横线相交的4个点，被称为黄金分割点，是画面的重点所在，将拍摄主体安排在4个交叉点的任意一处，这种构图方法就是九宫格构图。图 4-10所示为九宫格构图参考。

图 4-10

九宫格构图的技巧：

（1）预先设置好九宫格；

（2）将主体安排在黄金分割点上；

（3）注意画面均衡；

（4）主体的前方留足空间；

（5）在视线和朝向的前方留足空间；

（6）注重主体、视线和朝向的方向与选定黄金分割点位置的结合；

（7）与其他构图法结合起来灵活使用。

图 4-11所示为利用九宫格构图从北外滩拍摄的上海夜景。

图 4-11

4.5 线构图

线是构图的基本视觉要素，它在构图中可以分割画面、制造面积、产生节奏、表达多种象征功能。常见的线构图有二分线构图、三分线构图、对角线构图等。

二分线构图

所谓二分线构图，就是利用线条把画面分割成上下或者左右两个部分的构图方法。使用这种构图法进行航拍时，可以借助水面、桥梁或者天际线等作为分界线，将画面分成两部分。二分线构图法适用于比较恢宏的场景和远景拍摄。在主体比较明显时可以用二分线构图法来拍摄比较震撼的风光照。

航拍新手用二分线构图法时要区分二分线构图和对称构图：对称构图的兴趣点在中心；而二分线构图的兴趣点要根据具体情况而定，既可以放在分割线上，也可以放在中心。图 4-12所示为利用二分线构图拍摄的深圳CBD。

图 4-12

拍摄主体比较对称时，也可以采用二分线构图法拍摄。大家可以多多尝试，相信灵活运用各种构图法后的你也可以拍出精彩大片。

三分线构图

三分线构图，顾名思义，就是将画面横向或纵向分为三部分，在拍摄时将主体或焦点放在三分线的某一位置上进行构图的方式，让主体更加突出、画面更加美观。

三分线构图在航拍中比较常用，这里讲讲常用的横向双三分线构图和上三分线构图。

横向双三分线构图就是在画面中有两条相互平行的横向直线，将画面分成三等份，我们一般会将主体置于画面中间，这样构图会使主体比较突出，同时也可以很好地交代主体周边的环境。横向双三分线构图常用于大景俯拍，如图 4-13所示。

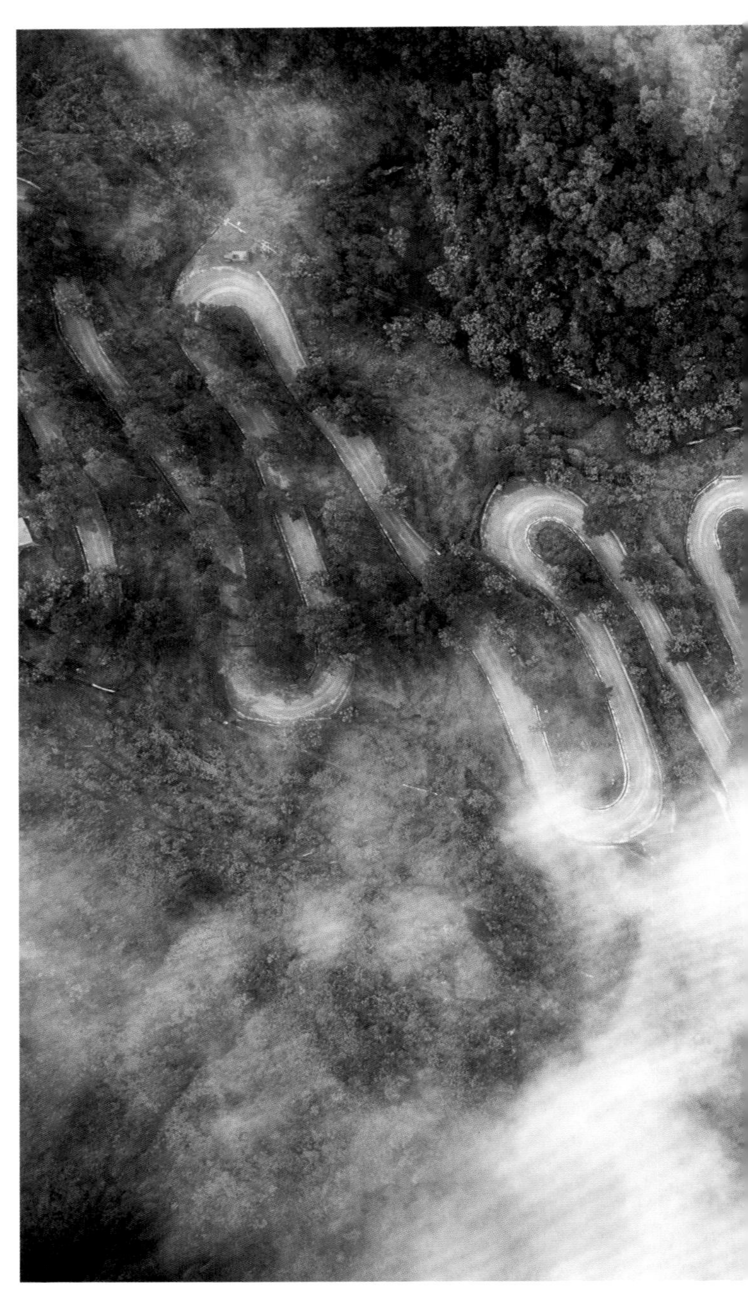

图 4-13

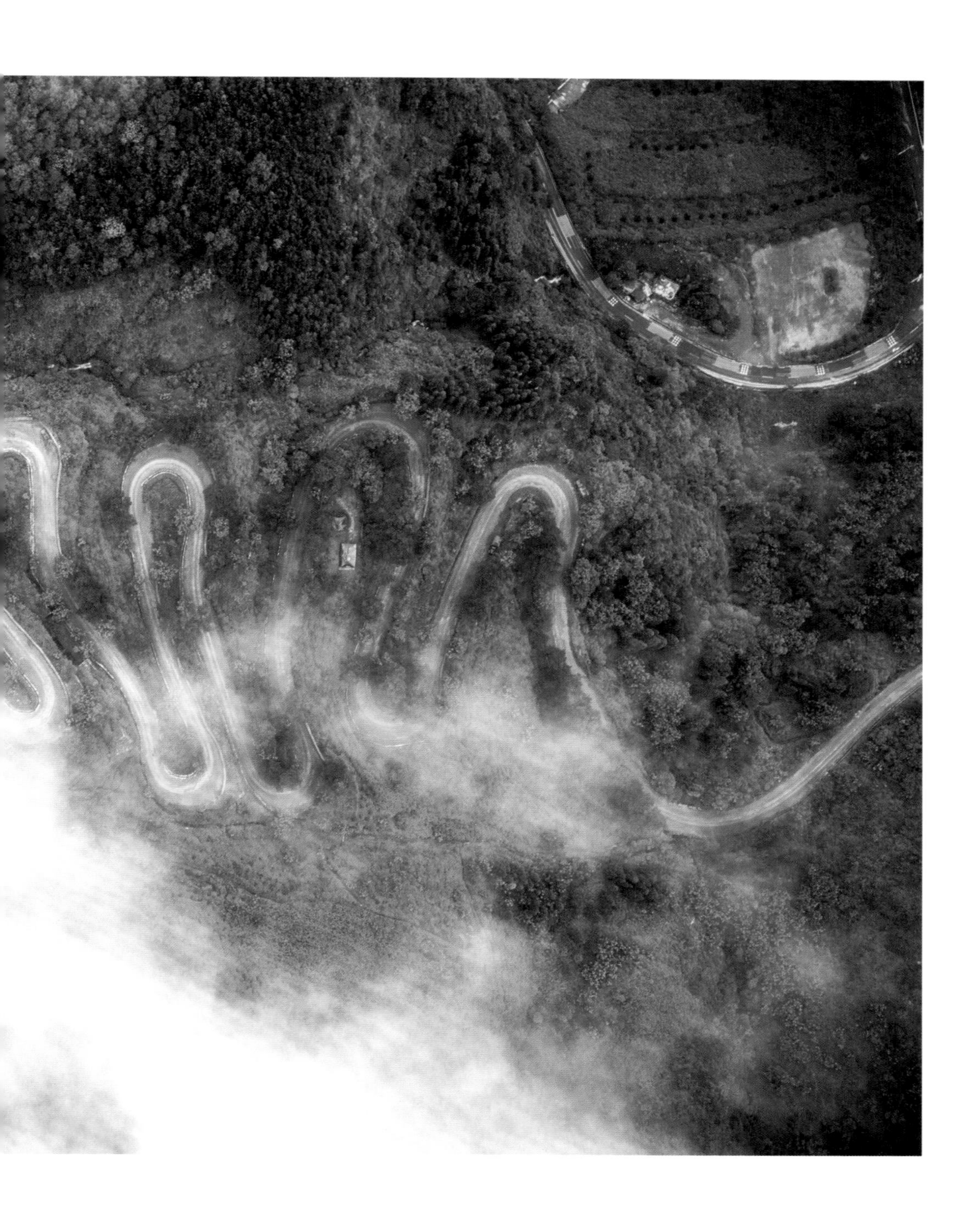

上三分线构图，就是将画面的重心放在照片的下面三分之二处。图 4-14和图 4-15中的拍摄对象分别为洋山港和上海高架桥，主体部分都大约占了整个画面的三分之二，天空大约占了整个画面的三分之一，这样的构图既突出了重点，也让画面更加美观。

图 4-14

图 4-15

除了这两种常用的三分线构图，还有下三分线构图、竖向双三分线构图、左三分线构图和右三分线构图。三分线构图适用场景非常多，大家可以结合实际情况多多尝试，相信会拍出意想不到的效果。

对角线构图

对角线构图，是一种导向性很强的构图方式，一般分为完全对角线构图和近对角线构图。对角线构图就是把主体安排在画面中对角的连线上或者对角连线附近，可以让画面更有动感、更吸引人的视线。对角线构图可使画面简洁、视觉冲击力强、主体突出。图 4-16所示为利用对角线构图拍摄的杭州杨公堤，图 4-17所示为利用对角线构图拍摄的上海延安高架路。

图 4-16

图 4-17

引导线构图

引导线构图就是利用照片中的线条吸引观者的视线，让观者的目光跟随着线条的走向移动，最终汇聚到画面的焦点（主体）上，从而突出主体并起到串联、融合画面主体与背景元素的作用。

使用广角镜头拍出的夸张效果可以很好地表现引导线，如图 4-18所示。在构图时，可以让引导线成为照片的主体，占据大量空间，吸引关注，如图 4-19所示。

图 4-18

图 4-19

除了图4-18、图4-19中使用的引导线，引导线在我们的生活中还有很多，比如大地的纹理、建筑的线条、逆光的主体产生的线条等。引导线可以是画面中更微小的元素，大家在拍摄前可以多多观察场景，借助引导线增强画面代入感。

平行线构图

平行线构图的画面中景物与视线多呈现垂直或平行排列的状态，具有较强的形式感。这种构图中的元素通常给人一种排列规律的感觉，也可以增强画面的抽象感。图 4-20所示为以桥梁结构作为平行线拍摄的武汉鹦鹉洲长江大桥，图 4-21所示为纵横交错的重庆盘龙立交桥。

图 4-20

图 4-21

4.6 面构图

面构图中的“面”指的是由点与线构成的元素或者布局所呈现的块面，在画面中占据较多空间。面构图会给人以直观的视觉感受，可以很好地突显画面中的主体。

前景构图

前景构图，是指将离镜头最近的物体作为前景，体现画面的虚实、远近关系的构图。合理地运用前景不仅可以突出照片主体，还能营造出景深感，从而增强照片的视觉冲击力。图 4-22所示为以金茂大厦作为前景拍摄的月亮穿过上海环球金融中心的画面。

图 4-22

最常见的是，利用前景将观者的视线引导至主体。用广角镜头配合前景，也可以增强画面的空间感和纵深感，但此时，前景最好兼有引导视线的作用，例如将纵横的道路、有规则的建筑等作为前景。

在航拍构图中，正确地利用前景与背景配合，可以使照片中的景物更加和谐统一，从而使画面更富感染力。图 4-23所示为以浦西建筑群为前景拍摄的陆家嘴日出前的景色。

图 4-23

框架构图

框架构图，顾名思义，就是在拍摄中融入各种各样的框架，将主体框起来。在航拍中通常会将建筑物、桥梁、云层等作为框架来构图。

框架构图可以将观者的视线引导到框架中间，起到突出主体的作用。当拍不出足够震撼的画面时，我们也可以后期对照片进行适当的处理。留意好看的框架结构，换一种框架构图的方式拍摄，以创意取胜。图 4-24所示为以楼宇作为框架拍摄的缆车。

图 4-24

本章到这里就结束了，相信大家对航拍构图都有一定的了解了。在实际创作中，多多少少会碰到一些与上述相似的场景，大家可以多多尝试，当熟练运用构图方法后再结合自己的一些想法和创意，你也可以拍出精彩大片。

第5章 CHAPTER 5

景别运用

跟在地面拍摄一样，航拍镜头也要成组。我们可以利用航拍无人机的优势，在空中拍摄不同景别和角度的画面，而不是一味地追求飞得过高、过快，航拍不是炫技。本章将带大家了解如何用景别去引导观者，将航拍画面恰当地融入剧情中。

5.1 景别的含义

景别是通过视觉所产生的。不同的景别会产生不同的艺术效果。我国古代有这么一句话："近取其神，远取其势。"一部电影就是这些能够产生不同艺术效果的景别组合在一起的结果。一般电影会根据人物将景别分为远景、全景、中景、近景特写，目的是展现演员的动作、表情等，如图 5-1所示。

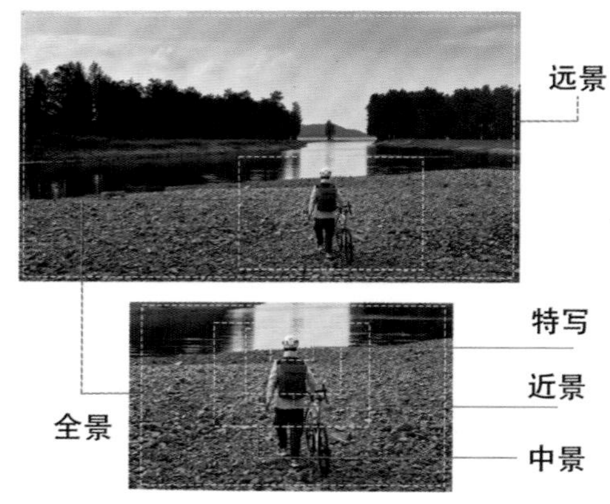

图 5-1

航拍的景别与电影的景别有所不同，在航拍时我们一般会拍摄一些山峰、河流、建筑等相对固定的场景。在航拍人物或动物时，基本都是拍摄大范围的运动场景、群体活动场景等，景别以远景、全景为主。航拍里面的景别基本上是以拍摄的主体为标准去划分的，因为用无人机拍人物或动物的细微动作或表情效果并不好。下面以上海的建筑为例讲讲航拍中的景别。

◆ 远景

在航拍中，远景通常用来表现广阔场面。图 5-2中以上海中心大厦为主体，大远景将上海中心大厦所处的位置交代清楚，展现了非常宽广的视野。远景拍摄时，主体在画面中通常显得很小，画面常用来展示事情发生的环境和规模，并且在抒发情感、渲染气氛等方面发挥着作用。

◆ 全景

航拍中的全景通常用来表现主体的全身，或者场景的全貌。全景构图一般展示了主体的全貌，也让观者直观地看到主体周围的布局，并交代主体与环境的关系。图5-3为以东方明珠为主体的全景构图画面。

图 5-2

图 5-3

中近景

在电影中，中景一般指拍摄人物腰部以上的画面，这种景别能够清楚地叙事。近景一般指拍摄人物胸部以上的画面或者景物局部面貌。在航拍中可以简单地将中近景理解成把主体裁剪掉一部分，比一半多的就是中景，比一半少的就是近景。在航拍建筑时，中近景可以让我们看清楚建筑的主要组成部分、设计、装饰。图 5-4所示为以上海中心大厦为主体的中景，图 5-5所示为以金茂大厦为主体的近景。

图 5-4

图 5-5

特写

在航拍中，特写用于拍摄局部或者细节，起到突出或者强调作用，使主体与周围环境基本隔绝，在视觉上比较贴近观者，也可用于转场衔接不同场景片段。图 5-6所示为以金茂大厦为主体的特写。

在一部影片中，景别是不断变化的，而影响航拍景别变化的因素主要有三个，分别是拍摄距离的变化、镜头焦距的变化和被摄物体的运动。不同的景别有不同的作用，一个好的航拍视频是由不同景别组成的。

图 5-6

5.2 景别的应用案例

了解了航拍的景别，下面来看一下如何将不同的景别组合起来讲述故事。下面是两个拍摄案例。第一个是笔者参与某品牌春季服装宣传拍摄的一个灯光秀航拍案例。大致背景就是品牌方在上海陆家嘴投放LED广告，笔者需要做的是把品牌方所投放的所有广告都拍摄下来，并组成一个有始有终的灯光秀宣传短片。第二个是拍摄杭州彭埠大桥工程展示片的案例。

灯光秀航拍案例景别分析

我们先来看下怎么拍摄某品牌春季服装宣传灯光秀。笔者的做法是先确定大致视频结构、脚本及配乐，按照讲故事的拍法拍摄：先通过航拍远景交代位置、环境，让观者一眼就能看出广告投放的位置及规模；然后拍摄全景展示主体建筑物之间的关系；紧接着通过中近景展示各个建筑物的结构及广告内容，其间偶尔穿插一些特写用于突出强调主题，再穿插一些转场；最后慢慢地转变至全景再到远景。

以下为短片的拍摄片段。

首先选择了远景的前推镜头交代地点——上海陆家嘴，如图 5-7所示。

图 5-7

再通过全景交代陆家嘴重要建筑的位置关系，为后续的单个建筑拍摄做铺垫，如图 5-8所示。

图 5-8

逐一展示各个建筑物上的广告内容，图 5-9至图 5-11所示分别为白玉兰广场、金茂大厦和上海中心大厦的中近景。

图 5-9

图 5-10

图 5-11

为使视频富有观赏性，可穿插全景，缓解观者视觉疲劳，再进一步交代各建筑物间的位置关系，如图 5-12所示。

图 5-12

继续展示各个建筑物上的广告内容，其间穿插特写进行场景切换，使得短片更多元，同时进一步强调拍摄主题，如图 5-13至图 5-15所示。

图 5-13

图 5-14

图 5-15

短片即将结束，通过几个衔接镜头将景别逐渐转为大远景，完成收尾，如图 5-16至图5-18所示。

图 5-16

图 5-17

图 5-18

◆ 彭埠大桥建设工程航拍案例景别分析

我们再来看下怎么拍摄彭埠大桥建设工程。笔者的做法是先确定大致视频结构、脚本及配乐，以从早到晚的顺序进行工程展示。先用大远景展示桥的规模、所处位置及大致结构；再用中近景及特写展示桥的材质和具体结构，其间穿插一些景物，如火车等，可以增加视频内容的多样性；最后慢慢地转变至全景再到远景。

首先选择了远景的前推镜头交代地点——彭埠大桥，如图 5-19所示。

图 5-19

接下来从不同角度拍摄桥面的中近景，这里选择了从正面展示桥面的情况，如图 5-20 所示。

图 5-20

交代完桥面情况后，再用特写镜头来拍摄桥的名称，进一步强调主体，同时该视角可以展示桥左侧的环境，为下一个画面做好铺垫，如图 5-21所示。

图 5-21

这里通过拍摄桥左侧的火车来展示桥的恢宏气势以及其与动车轨道并行的位置的特点，如图 5-22所示。

图 5-22

接下来通过不同角度和景别的切换来进一步展示桥所处的位置：首先近景拍摄桥的结构及所处环境，然后切至远景从不同角度展示大桥全貌，最后中景展示桥的大致结构及钱塘江，如图 5-23至图 5-25所示。

图 5-23

图 5-24

图 5-25

交代完位置后，通过近景和特写来展示桥梁的结构和材质以及一些装饰性物件（比如路灯），让观者进一步了解桥的构造，如图 5-26至图 5-28所示。

图 5-26

图 5-27

图 5-28

短片即将结束，先从不同角度用中近景展示桥面，然后用全景展示桥的全貌，最后用远景再次交代环境，拉离镜头完成落幕收尾，如图 5-29至图 5-31所示。

看到这里，相信大家对景别的概念和组合应该有了更多的了解。其实景别的组合方式与我们平时观察、描述事物的习惯差不多。景别的组合，有时候体现的正是一种视觉上的流程和变化。只要勤加思考和练习，相信你很快就可以拍出有条理、有内容的航拍短片。

图 5-29

图 5-30

图 5-31

第6章 CHAPTER 6

运镜手法及表达含义

无人机航拍运镜可用于表达不同的情绪。我们把无人机运动和云台运动相结合，会发现无人机航拍运镜的种类高达几十种。作为飞手，首先要清楚各种运镜的效果及其镜头语言，这样才能为后期处理环节提供符合视频内容表达所需要的素材。

本章就结合实拍示例为大家讲解一些常用的航拍运镜手法及其表达的含义。

6.1 基础镜头

航拍运镜一定少不了基础镜头，基础镜头包含了：推、拉、摇、移、升、降。我们先来了解一下基础镜头的作用。

推镜头

推镜头一般指无人机视角向前推进，是比较万能的镜头，除了用于拍摄大场景，也可以用于拍摄城市间的楼宇，强化空间感。扣拍推镜头可以用来展示都市的繁华，也可以产生一种解密一样的视觉效果。近距离紧凑构图下的推镜头还可以用来强调主体、增强代入感等。图 6-1所示为推镜头拍摄拆分组图。

图 6-1

拉镜头

拉镜头一般指无人机视角向后拉远，通常是把主体推远，使主体在画面中越来越小，增强场面感，展现更多的环境信息。图 6-2所示为拉镜头拍摄山间公路的拆分组图。

图 6-2

摇镜头

摇镜头在运镜过程中需要依靠云台俯仰拍摄，能够表现丰富的空间信息，多用于同场景大景景别的过渡、不同场景的衔接切换，也常用于结尾离场，如从主体摇至天空作为落幕。图 6-3所示为摇镜头拍摄古镇的拆分组图。

图 6-3

移镜头

移镜头一般指无人机视角左右横移，多用于拍摄广阔场景，交代环境，我们也可以用移镜头做一些创意玩法，比如紧贴大楼，以大楼为遮罩通过后期抠图做出无缝转场的效果。图 6-4所示为移镜头拍摄河边夜景的拆分组图。

图 6-4

升、降镜头

升镜头和降镜头常用于拍摄大景别、展现大气磅礴的场景，也常用来拍摄建筑物，有利于表现高大物体的局部，慢慢揭示建筑物的全貌，可以给人一种豁然开朗的视觉感受。图 6-5所示为升镜头拍摄上海夜景的拆分组图。

图 6-5

6.2 开篇镜头

开篇镜头是一部影片的重要组成部分，好的开篇镜头有助于观者了解事件发生的时间、环境和影片想表达的情感等。下面为大家介绍几种常用的开篇镜头。

发现式镜头

常用的发现式镜头会利用云层、建筑、山体、森林、水面等构建前景来遮挡主体，再根据前景的形状调整飞行轨迹带出主体，以起到引导视线的作用，增强画面的趣味性和层次感。

常用的发现式镜头有3种：推镜发现、移镜发现和摇镜发现。我们先来看一下推镜发现镜头的实拍示例。首先以建筑物作为前景遮挡主体，然后直飞越过层层建筑，最后展示陆家嘴全景，如图 6-6至图 6-8所示。

图 6-6

图 6-7

图 6-8

图6-6至图6-8所示的实拍示例就是结合浦西的建筑结构进行前景构图，利用建筑结构的层层推进来揭开主体的神秘面纱，给人一种豁然开朗的感觉。推镜发现的操作是很简单的向前推进打杆，通常也可以结合上升杆量进行打杆组合以实现更好的航线规划。只要有良好的前期构思，简单的运镜也可以实现大片效果。

下面再来看一下移镜发现镜头的运用。移镜发现镜头和推镜发现镜头很相似，移镜发现镜头一般用建筑或者山体作为前景，通过镜头横移逐步带出前景（遮挡物）后面的主体。图 6-9至图 6-11所示为用移镜发现镜头拍的上海高架桥。将主体（高架桥）周边的高大建筑物作为拍摄前景，无人机向左飞带出若隐若现的高架桥，同时也交代了周边的环境，为后续镜头做了铺垫。

图6-9

图6-10

图 6-11

除了以上两种发现式镜头，摇镜发现镜头也是比较常规的发现式开篇镜头。摇镜发现镜头一般是在向前直飞的同时向上摇镜头，可以给人一种视觉冲击感。特别适合在拍摄水面、沙漠、草原或其他相对平坦的场景时使用。

以上海的大片较为低矮的老小区建筑作为前景，在向前直推的同时，缓缓上仰云台，带出陆家嘴“三件套”及建筑群，通过前后对比，营造视觉冲击感，如图 6-12至图 6-14所示。

图 6-12

图 6-13

图 6-14

很多电影里面也会用到摇镜发现镜头开场，比如以水面作为前景，慢慢抬镜头带出轮船或桥梁；以草原为前景，慢慢抬镜头带出行驶的车或奔跑的马。

◆ 定场式镜头

定场镜头是影片的关键组成部分。定场镜头是为将要出现的场景设置背景的镜头，旨在告知观者故事将在哪里发生。它呈现了场景的地理位置，或事物之间的关系，可以准确地向观者传达信息。

常用的定场式镜头一般有2种：直飞定场和扣拍定场。

直飞定场镜头，一般是由远到近的推镜头拍摄大远景，交代整体环境。图 6-15和图 6-16是不同场景的直飞定场镜头，大气的构图加上简单的直飞打杆很好地拍出了开篇的场景，为之后的分步叙述做好铺垫。

图 6-15

图 6-16

扣拍定场镜头也是比较常规的开篇镜头。为了交代清楚周围环境，也可以根据构图搭配前进、升降、旋转等打杆运镜，让画面看起来更生动。

以拍摄陆家嘴“三件套”为例：通过前推扣拍来逐步展示“三件套”及其周边的繁华，直至镜头带到“三件套”全景，结束第一镜，如图 6-17和图 6-18所示。如果以陆家嘴为主体，那么可以将构图范围再框大些，大家可以根据实际需求进行构图。

图 6-17

图 6-18

6.3 正片镜头

正片的镜头多种多样，主要由基础镜头（推、拉、摇、移、升、降）和跟随镜头组成。前文已经介绍过基础镜头，本节主要介绍跟随镜头。跟随镜头可以理解为不管无人机如何运动，主体都保持在画面的中心。跟随可以是对静止主体的跟随，也可以是对运动主体的跟随。绝大部分跟随镜头都需要多个杆量同时操作，相对难掌握。跟随镜头中常用到的是环绕镜头和跟镜头。

环绕镜头

环绕镜头是指无人机围绕主体，做近似圆周运动的运镜拍摄，用来多方位展示并强调主体，在航拍里这种运镜方式也叫“刷锅”。“刷锅”可以是简单的双杆量水平环绕，也可以是高阶的结合前后移动、升降和摇镜头的多杆量环绕或甩尾环绕操作。

图 6-19所示为以建筑和雕塑为环绕主体进行“刷锅”的镜头，最后缓缓带出苏州河及陆家嘴。环绕镜头可以在强调主体的同时展示周边的环境，为下一个镜头做铺垫。

图 6-19

不同高度和角度的环绕镜头的效果是有很大区别的。环绕镜头是一种从开篇到结尾都可以用的百搭镜头。在飞行过程中保持画面的流畅性可能是比较有挑战性的事情，这一点需要大家多多练习，控制好打杆精度。

跟镜头

跟镜头一般用于运动物体的拍摄，比如行驶中的车、航行中的船和飞行中的鸟群等。要实现跟镜头的操作，需要让无人机的运动方向跟主体运动方向大致相同。图 6-20所示为近景侧拍跟镜头。

图 6-20

根据不同环境和主体可以让无人机在不同高度和方位进行拍摄，如图6-21所示。拍摄高度和方位主要是看飞手想突出主体还是主体和环境之间的关系。在跟随拍摄时还可以进行环绕跟随运镜，从不同角度展现主体和周围环境。

图 6-21

6.4 结尾/离场镜头

一段优秀的航拍视频，离不开出色的结尾镜头。一般用离场镜头作为结尾，也就是让拍摄主体在画面中越来越小或者慢慢淡出视线，由小景别转到大景别。好的离场镜头可以起到呼应开头的作用，让观者记住你的作品。本节介绍三种常用的离场镜头：倒飞离场镜头、扣拍离场镜头和摇移离场镜头。

倒飞离场镜头

倒飞离场镜头就是将无人机由近至远慢慢飞离主体，完成小景别到大景别的过渡。图 6-22和图 6-23所示为用倒飞离场镜头拍的民国城视频结尾。

图 6-22

图 6-23

◆ 扣拍离场镜头

扣拍离场镜头，和扣拍定场镜头相对应，扣拍离场镜头就是扣拍镜头由近至远慢慢远离主体，完成小景别到大景别的过渡。图 6-24和图 6-25所示为用扣拍离场镜头拍的民国城视频结尾。

图 6-24

图 6-25

◆ 摇移离场镜头

摇移离场镜头是指一边往上摇镜头一边移动，让拍摄主体慢慢远离或淡出视线，这样的运镜手法相对于前两种更为高级，打杆也需要更为精细。图 6-26至图 6-29所示为用摇移离场镜头拍摄的在大坝上骑行的镜头。

以主人公入画作为开头，慢慢后拉上升镜头并向左跟随主人公移动，同时慢慢向上摇镜头带出背景；保持原来的打杆操作并继续上摇云台直至主人公消失在画面中，以天际线和环境作为落幕。

图 6-26

图 6-27

图 6-28

图 6-29

本章到这里就结束了，大家可以参考本章列举的常规的运镜手法进行拍摄练习，等熟练了之后再去创作会更加得心应手。航拍的运镜手法多种多样，并不局限于本书提到的，大家可以多多尝试，利用更多新颖的拍摄手法拍出大片。

第7章 CHAPTER 7 航拍实战分析

阅读至此，大家对航拍的概念应该有了一定的了解。掌握了航拍的基础知识，接下来就可以将这些知识及概念灵活运用到实际拍摄中去。本章介绍在实际拍摄中会遇到的一些情况以及应对之法。

7.1 航拍光线的选择

摄影是用光的艺术。在航拍中，有了光，画面才会产生明暗层次、线条和色调。航拍中我们主要以太阳光作为光源。太阳的位置不同，阳光照射在景物上产生的效果也不同。本节将介绍不同光线的特点以及在航拍中所产生的效果。

◆ 一天中不同时间段光线的特点

一天中不同时间段的光线所产生的光影是不一样的，把握好拍摄的时间段往往能给视频加分不少。

- 日出之前

这个时间段航拍适合表现静谧的主题。由于光线较暗，可以适当延长曝光时间（降低快门速度）和增大光圈以提升画面质感。图 7-1所示为日出之前拍摄的静谧的陆家嘴的原片。

图 7-1

● 上午8—9点和下午3—4点

上午8—9点和下午3—4点是拍摄好时机，是航拍常用时段，阳光倾斜地照在物体上，使物体产生强烈的明暗对比，能够吸引观者视线，让照片产生强烈的视觉冲击力。在这段时间拍摄容易获得精准曝光值。图 7-2所示为上午8—9点拍摄的原片，图 7-3所示为下午3—4点拍摄的原片。

图 7-2

图 7-3

● 正午

正午是较少用到的拍摄时段，因为阳光的直射会使拍摄物体缺少明暗对比。在没有云层的大晴天的正午拍摄，出片效果会比较差；如果天空中云层较多，光线较弱，也可以抓住时机拍摄，会收到不错的效果。

● 日落之前

日落之前是拍摄水面的好时机，也很适合拍摄草地和麦田等较为平坦的场景，会给人温暖柔和的感觉。图 7-4所示为日落前拍摄的吴淞口的原片。

图 7-4

● 日落之后

日落之后俗称蓝调时刻，适合拍摄城市夜景，也适合用延时摄影的手法拍摄夜幕落下的过程、云彩的变化和车辆与轮船运动的轨迹等。图 7-5所示为蓝调时刻拍摄的上海外滩。

图 7-5

● 夜晚

夜晚适合拍摄城市的灯光、烟火，也适合延时俯拍道路上的车流。图 7-6所示为上海外滩灯光秀夜景。

图 7-6

光线选择

一天中有多种不同的光线，不同角度、不同强度的光线会对拍摄效果产生巨大的影响。下面介绍几种常见的光线。

● 直射光

直射光又被称为“硬光”，是指由光源直接发出的强烈光线，例如明亮的阳光。直射光照射对象能产生明显的投影和明暗面，画面线条清晰，拍摄时需注重保留暗部细节，景物清晰的轮廓和明显的影子容易突出立体感。图 7-7所示为直射光下拍摄的建筑物。因画面亮度反差大，直射光下拍摄需要手动设置曝光参数。

图 7-7

● 散射光

散射光又被称为“软光”。它是一种散射的不产生明显阴影的柔和光线，例如阴天的光线。软光下的物体亮度反差小，细节更为丰富。一般散射光出现在阴雨、雨天、雾天、雪天，以及日出前、日出后，其可以更大幅度地展现被摄物细节，适合表现唯美风格的风景和人像、色彩鲜艳的花海和细节丰富的建筑物等。图 7-8所示为散射光下拍摄的上海陆家嘴日出原片。

图 7-8

● 顺光

顺光下光线投射方向跟拍摄方向相同，顺光用于拍摄主体和背景均要求清晰的场景。在顺光下拍摄，画面明亮，细节可以得到充分展现，但视觉元素的重点不够突出，画面的立体感也会有所欠缺。图 7-9所示为顺光下拍摄的建筑物。

图 7-9

● 侧光

侧光下光线投射方向和拍摄方向成一定夹角。

在45° 夹角侧光下拍摄，被摄物有明显的明暗差别，由明到暗很多细节都能体现出来。45° 夹角侧光常用于峭壁、山崖和沙滩这类主体的拍摄。

在90° 夹角侧光下拍摄，被摄物有较强明暗反差，立体感很强，线条刚硬。90° 夹角侧光适合拍摄棱角分明的主体，有时候也可用于表现花卉的通透感。

借助侧光进行航拍时，由于消费级无人机能够容纳的景物亮度反差范围较小，使用硬光要注意适度，否则被摄主体的暗部细节将得不到任何体现；使用柔光，则明暗过渡比较自然。图7-10所示为侧光下拍摄的上海外滩原片。

图 7-10

● 逆光

逆光下被摄主体前的景物会曝光不足，背景过亮。逆光常用于渲染气氛，制造明暗对比极强的剪影效果，易于显示景物轮廓。图 7-11所示为逆光下拍摄的外白渡桥原片。

图 7-11

在光线投射方向与摄影方向成135度夹角的侧逆光下俯拍时，可以利用影子拍摄出丰富的光影效果。图 7-12所示为侧逆光下俯拍的象山春秋战国影视城。

● 顶光

正午的阳光是常见的顶光，被摄物影子在景物正下方。用好顶光，照片也会很有趣味。一般在云层较多时抓住时机在顶光下拍摄。

图 7-12

7.2 如何拍平流雾

平流雾对航拍来说是可遇不可求的，雾景有着特殊的魅力。雾笼罩下的景物隐约可见，有种神秘而幽静的氛围，如图 7-13所示。

图 7-13

很多人在拍摄平流雾时往往不知道怎么把控时机和角度，拍不出如仙境一般的感觉，镜头里总是一团模糊。我们可以适当调整无人机的高度和拍摄角度，拍出不一样的风景。

将无人机飞至平流雾之上进行俯拍，同时，在逆光下或侧光下拍摄，往往能让雾景呈现比较好的透视效果，给人朦胧又神秘之感。雾有浓淡之分：一般拍摄浅淡的雾时，可以拍出透视效果，画面的色彩明快，视觉效果好；而拍摄比较浓厚的雾时，由于浓雾有很好的遮蔽效果，可以营造出虚幻、神秘的氛围，给人以强烈的视觉冲击感。图 7-14所示为上海平流雾原片。

图 7-14

雾景的最佳拍摄时间一般是在日出后的1—2小时，此时光照比较强烈，在阳光的烘烤下，浓雾散开，薄雾缭绕，远景模糊，近景、中景较为清晰，景物轮廓分明，达到了拍摄条件。

在航拍平流雾时，在取景框中适当安排一些看得清的景物，带上鲜明的地标，以形成虚实、明暗对比，可以有效地增强画面的纵深感，也使画面重点突出，而且更富于变化。

了解怎么拍摄平流雾的同时，也需要注意拍摄时的飞行安全，以下四点需要尤为注意。

（1）拍平流雾之前一定要注意飞行安全。要关闭无人机的避障系统，因为雾层之中都是水蒸气，无人机的避障系统很容易识别错误而触发一些问题。

（2）要注意无人机的电量，因为穿过雾层，无人机会碰到很多水蒸气，温度会慢慢下降，耗电特别快。

（3）注意大风。根据姿态球注意风向以及风的大小，确保无人机能够安全飞回来，不要贪飞。

(4) 设置好安全返航高度。平流雾出现的地方很高，在无人机返航时平流雾通常会遮挡大部分建筑物，如果飞手对周围建筑不熟悉，很容易导致无人机撞楼“炸机”。在无人机返航时一定要将返航高度设置在附近最高建筑物的高度以上，防止其撞楼“炸机”。图 7-15所示为返航高度设置界面。

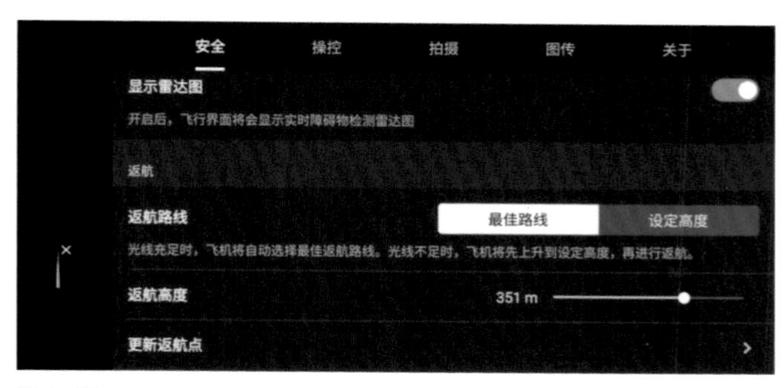

图 7-15

7.3 如何拍夜景

繁华的都市，向来是飞手常拍的主题，然而晚上昏暗的光线，将大大增加拍摄难度，稍不留意就可能拍出黑乎乎或者噪点过多的废片。图 7-16所示为纯净夜景照片。

本节将介绍常用的夜景拍摄技巧以及注意事项，希望对大家有所帮助。

图 7-16

观察周围环境

在拍摄前首先要观察周围环境。夜间飞行时，无人机的视觉感知系统无法正常工作，因此在不是非常有把握的前提下尽量保持视距内飞行。在夜晚航拍时，如果光线过暗，那么可以在起飞前适当调高感光度、延长快门时间，以增加画面亮度。这样更有利于我们观察周围环境、确保飞行安全，并且可以得到更加合适的画面构图。在确定好拍摄点后，再将相应参数调整到正确的数值即可。

夜景常用曝光参数设置

那么什么才是正确的参数数值呢？其实这并没有特定的标准，不同的机型有不同宽容度，不同环境中色彩、亮度等情况也可能相差很大。我们可以拍摄的主体为标准，一般会将暗光环境下的曝光控制在-2~-0.3挡，在确保主体曝光相对准确的情况下，让暗部尽量不死黑、亮部尽量不过曝。

在拍摄夜景时，为了减少画面的噪点，最好将感光度的数值控制在100~200，即使光线十分微弱，也尽量不要让感光度超过400，否则画质将大大降低。若画面过暗，则可以通过加大光圈、降低快门速度或者后期提亮，来获得合适的曝光。图 7-17所示为视频模式下曝光参数设置界面。

图 7-17

快门速度和光圈的概念在第3章已经介绍过。在航拍夜景时：保证画面中物体不产生虚影即可，一般不用慢门，建议用小于1/25秒的快门速度；光圈一般要选择最大的，这样拍出来的视频噪点和亮度情况较好，也会有更大的后期处理空间。

如果是拍夜景照片，建议快门速度不要大于5秒，因为航拍与地面架三脚架拍不同，航拍会受到风的干扰，并不是特别稳定，如果快门速度过慢会产生虚影。拍夜景照片时，光圈一般也建议选最大的。

夜景常用白平衡设置

大多数时候，我们都习惯使用自动白平衡模式。但有时，调整一下白平衡设置，你就能得到风格全然不同的画面。在相机设置菜单中，我们可以自定义设置一个色温值（数值越高画面色调越暖，数值越低画面色调越冷），利用色温偏差，人为地营造独特的夜景氛围。在夜晚拍摄时选择偏低一点的白平衡（也就是所谓的冷色调），这样得到的画面会相对比较纯净。图 7-18所示为用2800K的白平衡来拍摄的夜景。

图 7-18

夜景画面对焦

在夜间拍摄时，许多人苦恼于怎样确认画面是否成功对焦。拍摄结束后确认视频时发现没有对好焦，滋味一定不好受。

这时，如果没有足够的把握确认画面是否成功对焦，不妨将对焦模式切换为手动对焦并打开“峰值等级”，将画面中最锐利的区域高亮标记出来，从而帮助我们判断画面区域是否成功对焦。一般选择普通等级即可。图 7-19所示为选择的峰值等级为“高”。

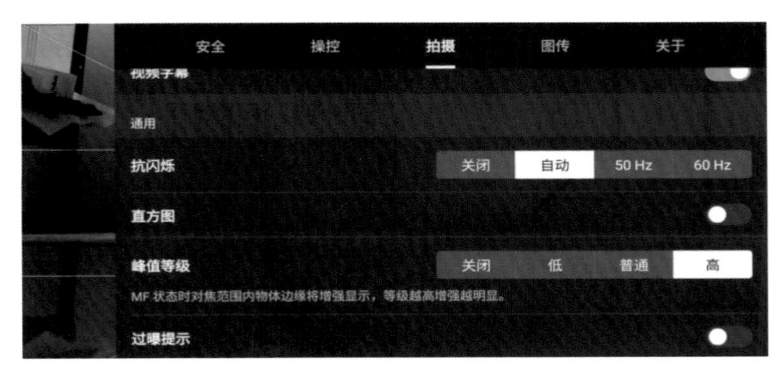

图 7-19

7.4 如何拍LED屏

LED屏在现实生活中随处可见，大部分屏幕都会用于投放广告。很多人在拍摄LED屏时常常会遇到画面频闪的问题，导致视频没法用。这是LED屏的刷新速度和相机快门速度不匹配造成的。图 7-20所示为航拍LED屏幕。

图 7-20

为了避免在商拍时出现这种情况，我们首先可以通过核实LED屏的刷新速度，确保快门速度低于屏幕刷新速度，如可以控制快门速度低于1/160秒。如果画面还是闪烁，继续下调快门速度。最后通过全手动模式或快门优先模式，固定快门速度，即可确保画面不闪。另一种情况是在夜晚拍摄时由于LED屏处于弱光环境，屏幕亮度和周边环境会造成大光比的情况。我们在拍摄时要记住首先要保证LED屏上的内容清晰，在这基础上再适当调节曝光参数。

如果是在夜景等大光比环境下拍摄出屏幕及周边环境的曝光都正常的照片，也可以使用第3章所提到的AEB连拍（AEB包围曝光）模式进行拍摄，也可以手动拍摄。保持无人机在原地不动，一般根据要求先拍一张屏幕曝光正常的照片（见图 7-21），再拍一张环境曝光正常的照片（见图7-22）（也可以设置慢门拍摄车流，通过堆栈得到酷炫的车流效果），再将拍摄的照片通过Lightroom的“合并到HDR”进行合成，即可得到曝光正常的照片。

图 7-21

图 7-22

7.5 旅途中如何跟车拍摄

自驾出行是现在很多人出门游玩的方式，本节将介绍自驾出行时如何用无人机跟车拍摄旅行大片。在使用无人机进行智能跟车拍摄前，我们一定要提前观察好周边环境，避免出现“炸机”的情况。图 7-23所示为跟车拍摄场景。熟悉环境后我们便可以进行跟车拍摄参数设置了。

图 7-23

一般智能跟随分为追踪与平行两种跟随模式。我们可以在画面中框选汽车，然后点击“锁定”即可确定主体跟随物，下一步选择跟随模式即可，如图 7-24所示。

图 7-24

第一种是追踪跟随模式。在这种模式下，无人机会与目标保持一定的距离，飞行方向与目标的移动方向相同。图 7-25所示为追踪跟随模式适用情景。

图 7-25

第二种是平行跟随模式。在这种模式下，无人机会与目标保持一定的距离，并保持开始跟随目标时的地理方位和角度飞行。图 7-26所示为平行跟随模式适用情景。

图 7-26

掌握了这些基础技能，大家便可以将前几章学到的景别概念以及构图手法等知识结合具体的拍摄环境来决定拍摄角度。跟车拍摄的角度可以是正面、侧面、背面等。多多尝试，你也能拍出很不错的自驾旅行大片。

常用航拍视频剪辑思路和技法

好的航拍作品离不开前期优质的拍摄，也离不开优秀的后期处理。剪辑是后期处理非常重要的组成部分，剪辑可以将单独来看没有任何意义的声音和画面组合成情节，可以准确鲜明地体现视频的主题，可以做到视频结构严谨和节奏鲜明。本章介绍剪辑航拍视频时常用的剪辑思路和剪辑技法。

8.1 常用剪辑思路

很多人在出行时会带上无人机来记录美景，但在回家后往往面对大量的航拍素材无从下手。本节将介绍常用的航拍视频剪辑思路。

◆ 找合适的BGM

我们可以在各大音乐平台上搜索航拍、剪辑等关键词来寻找背景音乐（background music,BGM），在选择音乐时也要结合自己的素材。可以搜索与自己的目的地相似的旅拍作品，找到自己喜欢的，借鉴其音乐风格和视频节奏。

在找到BGM后，第一步不是剪辑视频，而是剪辑音乐。建议先浏览一遍拍摄的全部素材，根据素材量来预计最终的成片时长。如果时间过长，通常视频会出现大量的相似素材，视频节奏不够紧凑，观者自然容易失去兴趣。建议大家根据自己的素材量，把音乐剪成需要的时长，这会让人养成精简素材的好习惯，只在成片中展示出精华部分。图 8-1所示的拍摄画面便适合配上有氛围感的音乐。

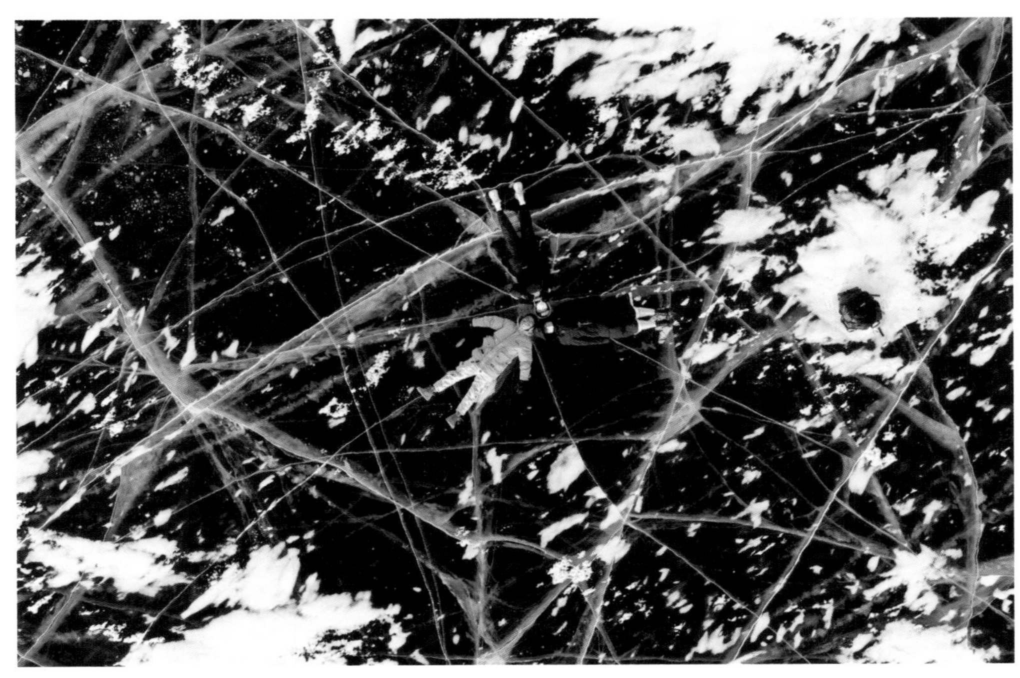

图 8-1

导入剪辑软件并建立序列

剪辑软件一般可选择Premiere Pro（Pr）或者Final Cut Prox（FCPX），这里以Pr为例。

打开Pr软件进入初始界面，如图 8-2所示。点击“新建项目”，根据自己的想法命名，如图 8-3所示。导入素材，如图 8-4所示。

图 8-2

图 8-3

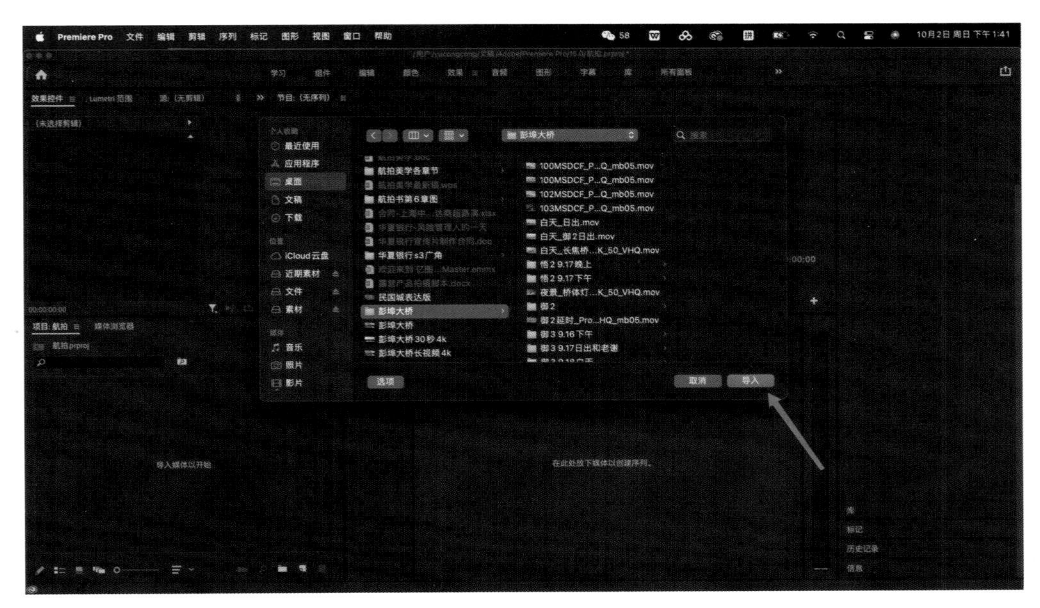

图 8-4

素材导入完成后便可以根据自己的需求建立剪辑序列，如图 8-5所示。一般可以根据预设选择1920×1080（高清序列）或4K序列，如图 8-6所示。帧速率可以根据实际需求选择，一般25帧/秒或30帧/秒即可，如没有合适的选择也可以自定义，如图 8-7所示。

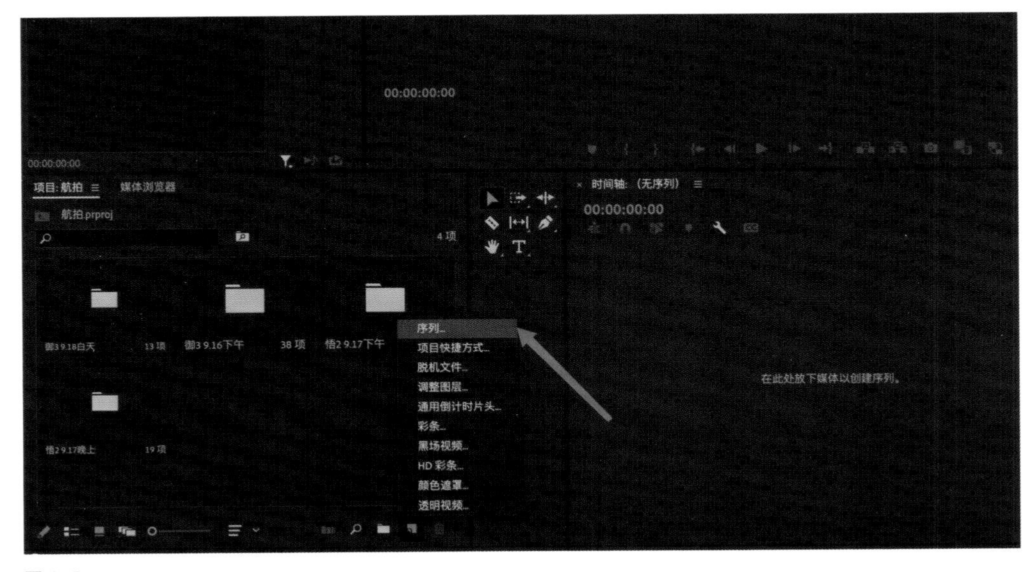

图 8-5

图 8-6

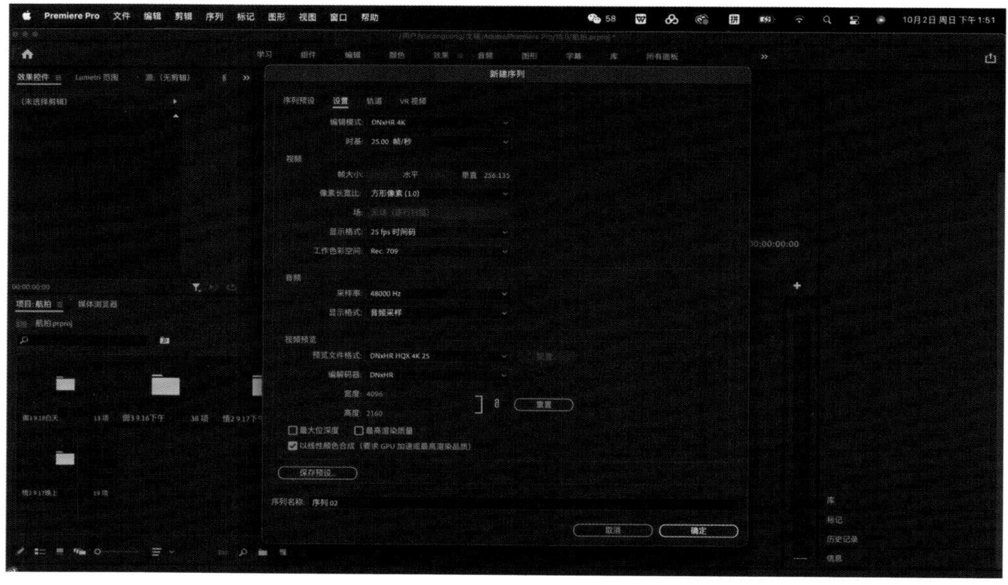

图 8-7

◆ 整理素材

在开始剪辑前，可按照光线和被摄物对素材进行大致的分类。

笔者一般是将素材归入清晨日出、白天光线、黄昏日落三个部分。这样虽然会将多日的拍摄素材组合在一起，但并不会让人觉得很乱。在不同的天气、不同的拍摄时段拍出的景象截然不同，在后期我们可以按照光线的情况对素材大致分类。在剪辑时避免上一个镜头晴空万里，下一个镜头阴云密布。当相邻的镜头光线反差太大时，如果镜头间没有足够强的内在联系，就容易让观者觉得突兀。我们还可以寻找画面中相同的被摄物或相似元素，比如把不同场景下的汽车航拍素材剪辑在一起，或是把人物在不同时间段的镜头剪辑在一起。相似元素的镜头有助于我们实现顺滑的镜头衔接，让观者忽略场地的变化。

镜头剪辑逻辑

相邻镜头之间的逻辑关系是影响剪辑流畅度的重要因素。镜头之间关系混乱或者过于复杂都会导致观者看不懂，那么即使内容再精彩，观者也会丧失耐心。在剪辑时我们需要结合日常生活中的逻辑，将视频剪辑得自然流畅。下面介绍镜头剪辑逻辑。

● 镜头的运动趋势

通常在相邻的镜头间，同运动方向的镜头接在一起，会比反向运动的镜头衔接更自然。比如，两个日出的镜头，都是向右侧飞，如果第一个镜头向右飞，而接的镜头是向左飞，看起来就会不流畅。当然也不是拍摄所有场景时都需要镜头的运动方向完全一致。

● 景别、角度的多样化

在对同一个景点或物体航拍时，我们通常不会只拍摄一段素材。在后期剪辑时要选择全部素材中最美的几段。其实可以有意识地使用同一拍摄对象不同场景、不同角度的镜头。比如在剪辑同一建筑的航拍镜头时，可以先从远景开始，再接近景，还可以使用俯视、仰视等不同角度的镜头，这样能避免视频素材的重复。

图 8-8

● 避免越轴

越轴的概念大家可能有所了解。打个比方，在两个人对话的场景下，摄像机可以在两人形成的虚拟轴线一侧的多个位置拍摄，但如果下个镜头出现了轴线另一侧，就出现了越轴。在航拍中拍摄自然环境时常拍摄大景空镜头，不存在轴线，但如果拍摄的是车辆、人物、楼房等特定目标，我们需要避免出现越轴的问题。

● 让画面与音乐节奏匹配

如果选择的BGM是开场平缓、中段激烈、结尾平缓的，在平缓的部分可以搭配大景，而在节奏快速、激烈的部分，可以搭配比较具有力量感的画面（比如奔跑的人、近距离航拍的车辆），这样画面和音乐会更协调。

● 合理运用转场

如果视频内容不是非常个性化，通常用一些简单的转场就足够了。比如最基础的溶解效果，两段航拍大景间的天空转场、亮度键转场，不一定要追求夸张、高难度的转场，合适的转场才能为整体效果锦上添花。

8.2 希区柯克变焦

希区柯克变焦又叫滑动变焦。

希区柯克变焦的特点是：镜头中的主体大小不变，而背景大小改变。拍摄方式就是移动机位的同时，向反方向改变镜头焦段，从而得到主体大小不变、背景出现压缩/放大的效果。

在航拍高楼、山峰、桥梁等的时候，这种拍摄方式特别适用。本节将介绍希区柯克变焦镜头到底是如何拍摄的。

大疆Mavic 3、Mavic 2变焦版、Mavic Air 2自带变焦功能，可以直接在拍摄时实现希区柯克变焦。那没有变焦功能的无人机怎么办呢？在后期进行处理，也能得到同样的效果。

不管有没有变焦功能，拍摄都是很简单的，即使是新手也很容易学会，重点是在作品中加入一两个变焦镜头，可以让视频整体增色不少。接下来介绍详细操作步骤。

首先以Mavic Air 2机型为例介绍变焦功能的使用方法。

打杆拍摄方式：一边往后打俯仰杆，一边按FN键并滚动滚轮进行变焦，拉近镜头。

在拍摄过程中，一定要保持匀速飞行并变焦。因为同时要操作三个按键，要保证匀速，还是稍微有一点点难度的，建议起飞前先练习，熟悉按键。当然也可以通过触控屏幕进行变焦。两种变焦方式，选择适合自己的即可。

飞近拍摄主体打杆方式：一边往前推俯仰杆，一边拉远镜头。

我们再来看一下使用不具备变焦功能的无人机如何拍出希区柯克变焦镜头（以Mavic 2 Pro为例）。

像Mavic 2 Pro这种没有变焦功能的无人机，拍摄操作反而更简单，但需要后期再处理一下。

打杆拍摄方式：直接推或者拉俯仰杆。

在拍摄过程中，一定要保证匀速飞行。开拍前建议选择无人机的最大分辨率。

后期处理软件一般用Pr或FCPX。

下面介绍利用后期处理软件制作希区柯克变焦效果（以Pr为例）。图 8-9所示为素材第一帧画面，图 8-10所示为素材最后一帧画面。

图 8-9

图 8-10

主要步骤如下。

（1）导入素材。

（2）简单微调。

（3）画面纠正。使用效果控件，在画面第一帧打一个缩放空白关键帧，如图 8-11所示，然后在画面最后打一个缩放空白关键帧将画面缩放至合适的大小，下面图示因画面是向后倒飞的，所以缩放关键帧应往大调，如图 8-12所示。以东方明珠塔为标准，图 8-13所示为关键帧缩放处理完成后的最后一帧画面，可以看到第一帧和最后一帧东方明珠塔大小基本不变，但背景已经明显放大，这样主要操作就完成了。

（4）画面平滑度调整。在效果中找到变形稳定器，将其拖到素材上，在效果控件中找到合适的平滑度，希区柯克变焦的效果就做好了。

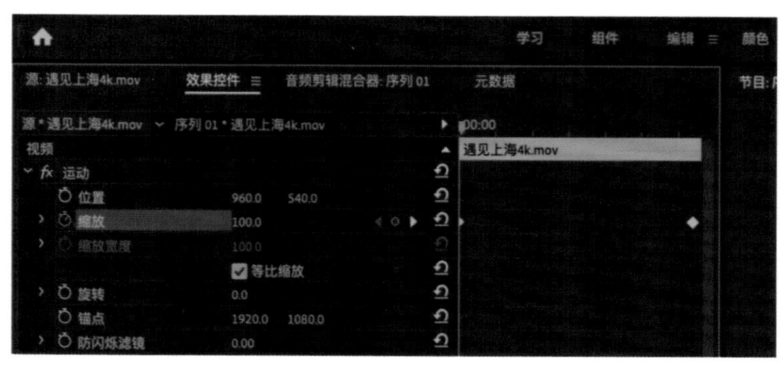

图 8-11

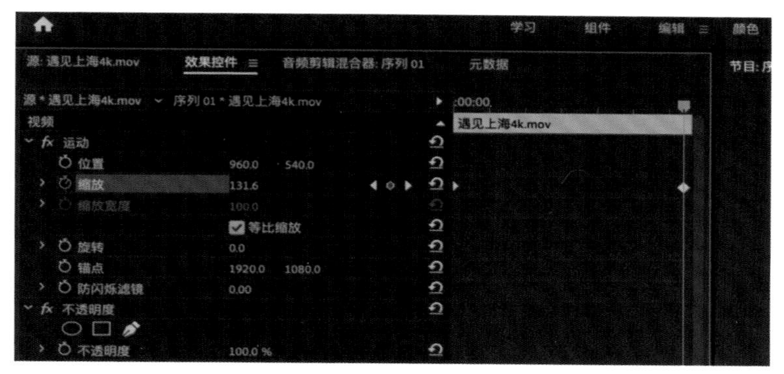

图 8-12

图 8-13

8.3 变速剪辑

变速是一种很常见的航拍视频剪辑手法。

一般步骤是打开Pr，导入视频，把视频拖到时间轴上，在时间轴上右击视频，单击“速度/持续时间”，可以通过调整速度值来实现视频变速，也可以按快捷键R激活变速工具，实现视频变速。

首先右击视频，单击“速度/持续时间”，如图 8-14所示；然后调整速度值，如图 8-15所示；最后按快捷键R实现变速，如图 8-16所示。

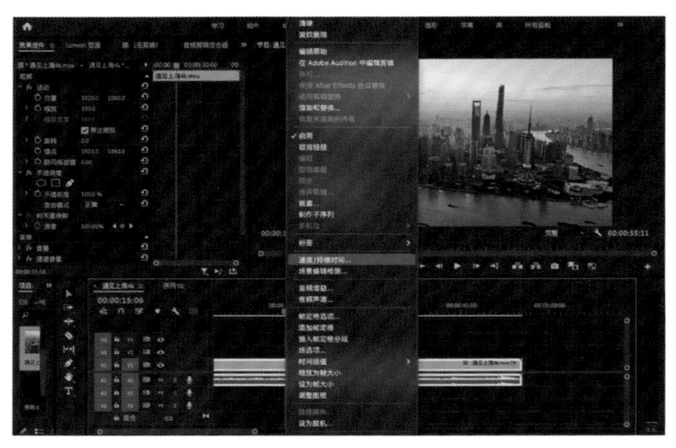

图 8-14

图 8-15

图 8-16

这样的变速方式比较简单，适用于单独素材，但是如果用于两段素材的衔接，那衔接处可能就会显得有些突兀，所以我们需要更精细化的变速手法：用time remapping（时间重映射）来实现变速。

操作步骤：右击素材的fx标记，选择time remapping（时间重映射），如图8-17所示；然后按住Ctrl键并单击，即可快速添加关键帧，如图8-18所示；可以上下拖动这根线（如图8-18中箭头所指的线）来实现变速，随后可以分开这两个小的关键帧，这样就会有一个渐变的变速，也可以拖动拉杆来进一步改变速度曲线以实现更好的效果，如图8-19所示。

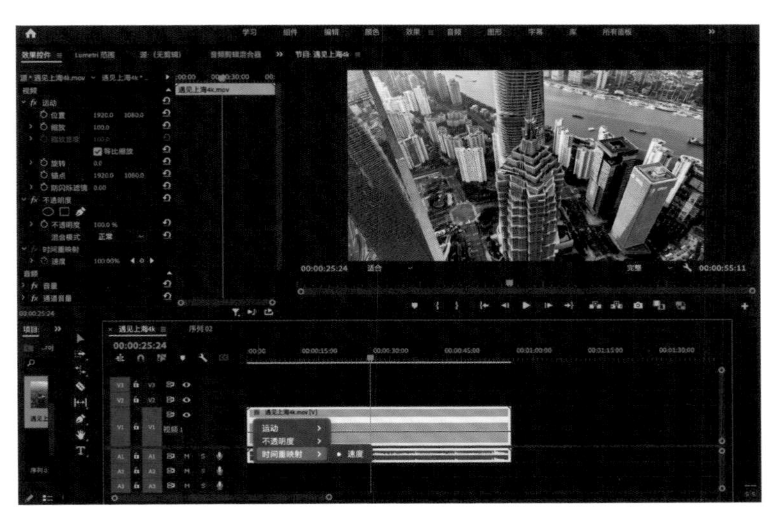

图 8-17

图 8-18

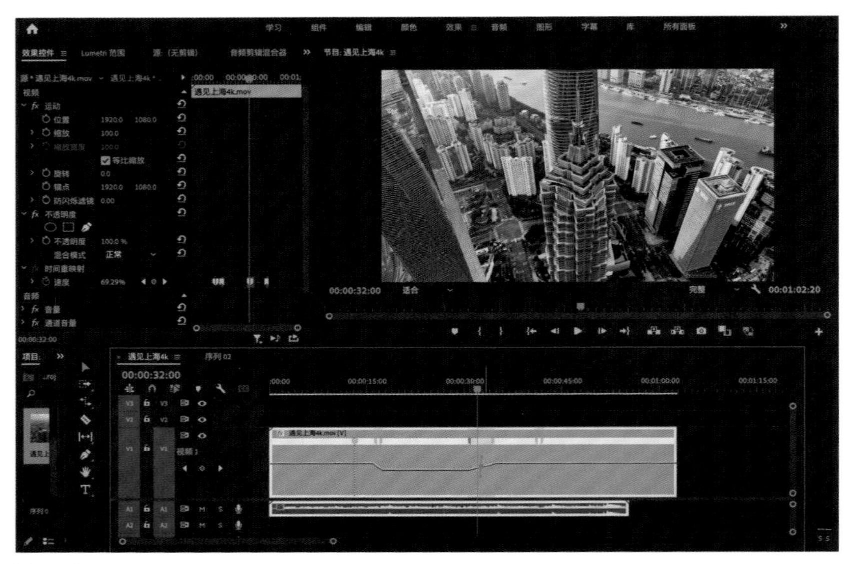

图 8-19

使用以上变速处理方法，再结合“动接动”“静接静”等镜头组接原则，就可以将素材衔接得更加顺畅。

8.4 无缝转场

无缝转场的原理是利用剪辑软件的蒙版工具，跟随画面中物体的运动来切换画面。

好的无缝转场，会让观者观看的时候意识不到转场，让观者沉浸在视频内容里。在航拍中，常用到的无缝转场通常是以某一物体为遮挡物，比如高楼、树木、山体等，通过画蒙版带出下一个画面。两个场景中有同样的物体，比如云层、水面等，也可以用来做无缝转场。

想要完成一个好的无缝转场也需要做好前期准备，需要选择好画面和跟随物体。两个画面的镜头运动方式最好一样。

本节以大楼为遮挡物，使用蒙版跟随画面中间大楼的边缘来完成画面的无缝转场。操作步骤如下。

● 选择好转场画面，导入Pr

选择好两个画面，两个画面的镜头运动方式一致。选定蒙版跟随的主体（这里以图8-20中大楼为例），你也可以选择树木、山体等。

可以以右侧大楼（见图8-20）为遮挡物，向右横飞带出另一个场景。

图 8-20

● 建立蒙版

将两个画面放置在合适的轨道和位置。将时间线调到大楼在画面中间的位置，使用钢笔工具沿着大楼边缘，建立蒙版，如图 8-21所示。

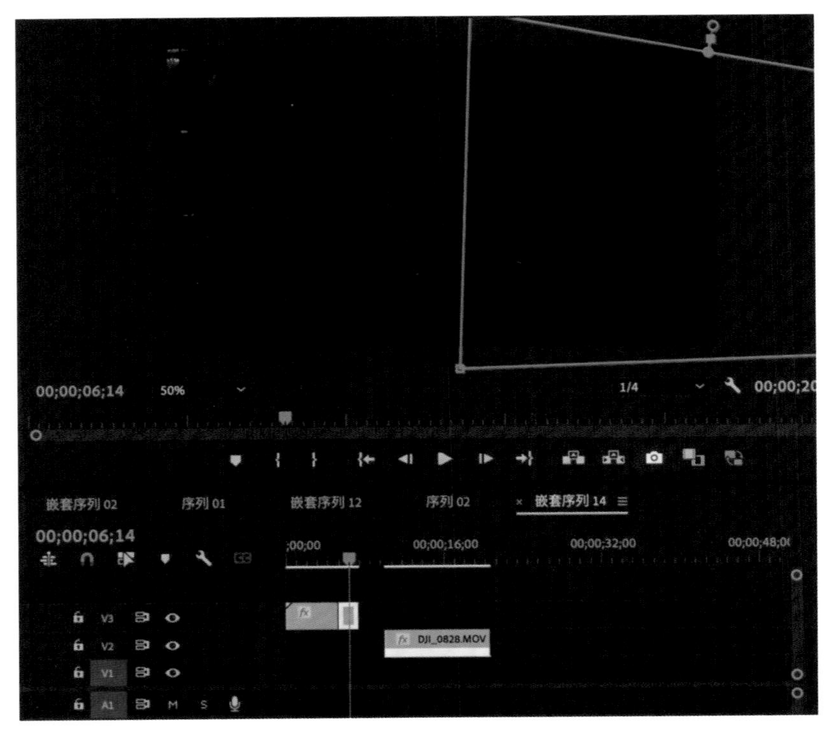

图 8-21

● 调整蒙版

将时间线拖到大楼消失的时间，选取蒙版调整至覆盖整个画面。这时软件会自动跟踪大楼边缘生成蒙版。查看生成无误后，将时间线拖到大楼刚出现的时间，将蒙版中的画面一帧一帧拖动直至全部拖到画面右边外。这样从大楼出现到结束的跟踪蒙版就大致创建完成了，如图8-22所示。

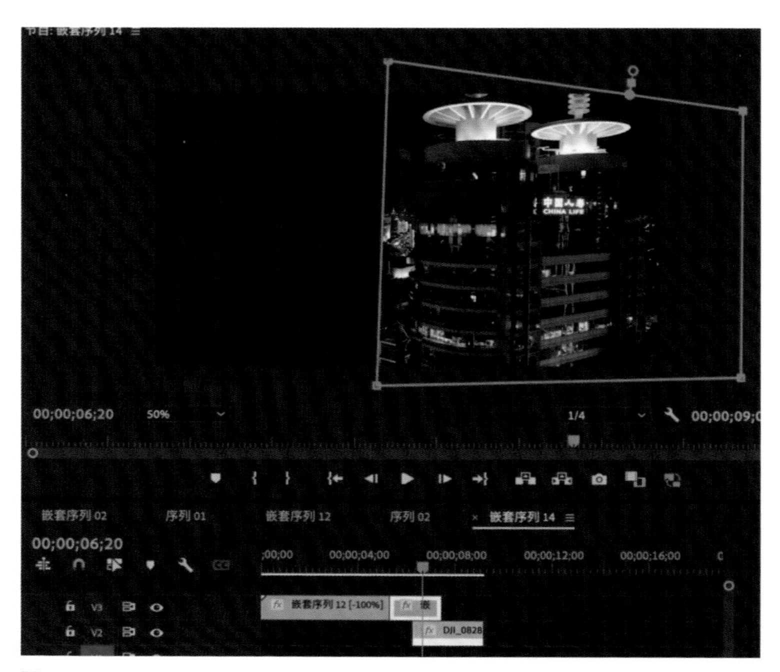

图 8-22

● 调整细节

播放，查看蒙版跟踪状况，调整细节。使用蒙版扩展和蒙版羽化工具进行更细致的调整。再选中两个视频生成嵌套，调整颜色，加上BGM和音效。这样一个航拍无缝转场片段就处理好了！

无缝转场看似简单，但妙用无穷，是航拍高手的必备技能。快速衔接的画面让观者应接不暇，享受视觉盛宴。多加练习，相信你的视频会有更多亮眼之处。

第9章
CHAPTER 9

常用航拍视频调色流程及技法

航拍视频的调色就如同厨师对菜品的调味。菜的口味、色泽在很大程度上依赖于厨师的厨艺和对火候的把控。如果说，一道菜是由色、香、味组成的，那么，后期的调色就是其中的视觉元素，拍摄的内容、剪辑的手法等则一同组成了航拍影片的“味道”。达芬奇调色系统是比较专业的影视调色工具，本章将介绍如何用它进行航拍视频调色。

9.1 达芬奇调色系统使用基本流程和操作重点

达芬奇调色系统就好比你手中的武器，想要使其发挥最大的作用，就必须对它进行深入了解，项目设立、素材导入、调色和项目导出等都是必须了解的。本节将介绍如何正确使用达芬奇调色系统。

建立用户

达芬奇调色系统作为一套全实时的电影调色系统，有比较通用的软件设定，同时有自己在调色方面独有的优势。建立用户以后双击进入达芬奇软件，打开软件首先呈现在用户眼前的是达芬奇软件的用户界面，默认界面上有管理员用户和来宾用户。根据用户不同，你可以创建自己独有的用户并设定密码，保障项目的安全。

设立项目

在用户项目设置面板，用户根据项目的实际需要设定分辨率、代理分辨率、帧速率、VTR输入输出设置、导入设置和监视器监看设置，如图 9-1和图 9-2所示。这些是一个项目开始前必需的工作。当项目有修改时，在这个面板里调整相应设置。

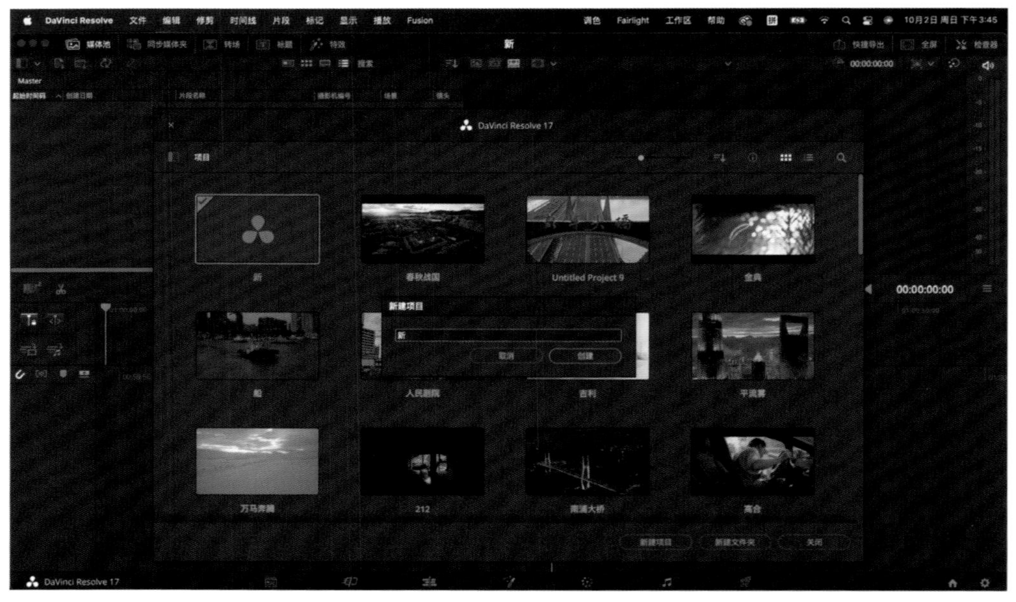

图 9-1

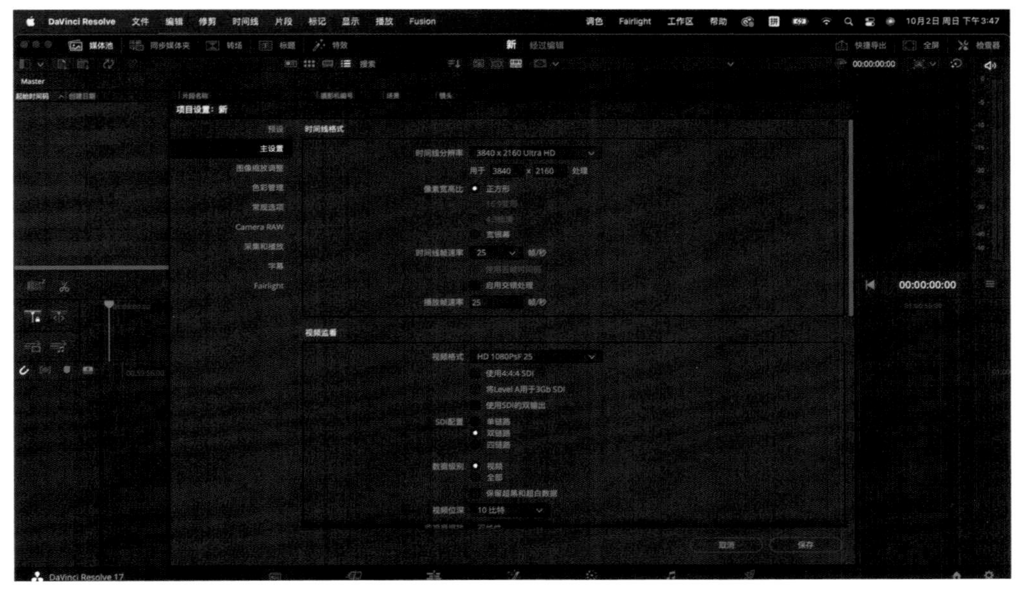

图 9-2

浏览和导入素材

在达芬奇调色系统中，设立项目以后，下一步是浏览和导入素材，如图 9-3所示。为方便用户浏览，素材文件夹以树形文件格式排列于界面左上角。在素材文件夹右边的是当前选定的素材的详细信息，包括文件名字、格式、时码信息、时间长度。

在达芬奇调色系统中，有一个特别的素材浏览对话框:素材池。项目所要用到的素材都需要导入素材池中，导入方式有多种:直接导入、按照EDL导入。除此之外，达芬奇调色系统在这个界面还有一个播放窗口，用户在查找文件的时候能够浏览当前查找素材的效果。将素材导入素材池并没有增加文件的拷贝量。导入的过程可以理解为创建了所有素材的指针列表，有助于提高工作效率。

图 9-3

实时调色

达芬奇调色系统最强大的功能就在于调色。

在达芬奇调色系统中采用节点式色彩调整模式——MATTE、colorpick。一级调色、二级调色、多窗口实时效果都在这个界面设置。

达芬奇调色系统可实现的调色功能有以下三种。

（1）一级调色：Black、Gamma、Gain、Offset等一级颜色调整。一级颜色很重要，片段颜色的基调通过一级颜色调整来控制，好的一级颜色调整能保留最多颜色信息，为二级颜色调整做充分准备。

（2）二级调色：当需要对主体细节、高光、中部、暗部颜色分别调整时便会用到二级调色。达芬奇调色系统具备强大的二级颜色调整功能，不同的颜色效果可以通过节点的并行和串行连接调整来实现。当视频中有好多类似的色彩镜头时，利用达芬奇调色系统的独特分类功能快捷划分、统一调色，可极大地提高调色效率。二级调色是达芬奇调色系统非常贴近调色师工作的一项设计。

（3）静态图的保存与参考：在达芬奇调色系统中可随时保存颜色调整的效果，作为静帧库为调色师和导演提供参照。图9-4中左侧画廊的红框是抓取的静帧，单击图 9-5中箭头指向图标能实现静帧划像对比。

图 9-4

图 9-5

节点式色彩调整是达芬奇调色系统的一大特色功能，如图9-6所示。左右端连接点存储和输出端点，中间有一级颜色调整节点、选色、二级颜色调整节点等。多样的连接模式造就达芬奇调色系统的传奇色彩。我们可以通过调整不同节点的参数得到不一样的色彩效果。

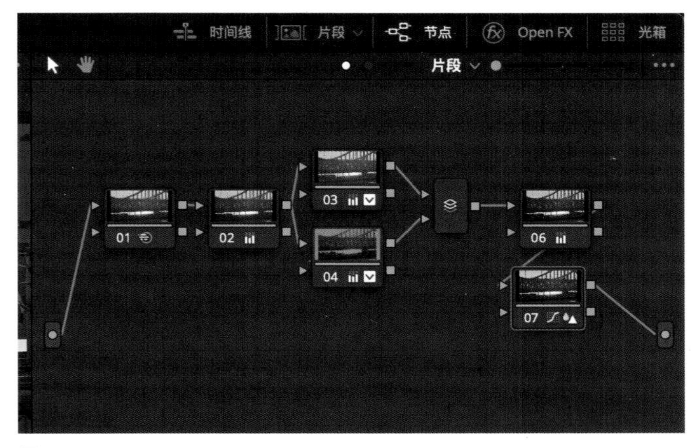

图 9-6

项目导出

当调完色后便可以导出项目了。我们可以在“渲染设置-自定义”界面选择需要的参数，可以整段导出，也可以单个片段导出，最后选择导出范围和文件导出位置即可得到完整的调色画面，如图 9-7所示。

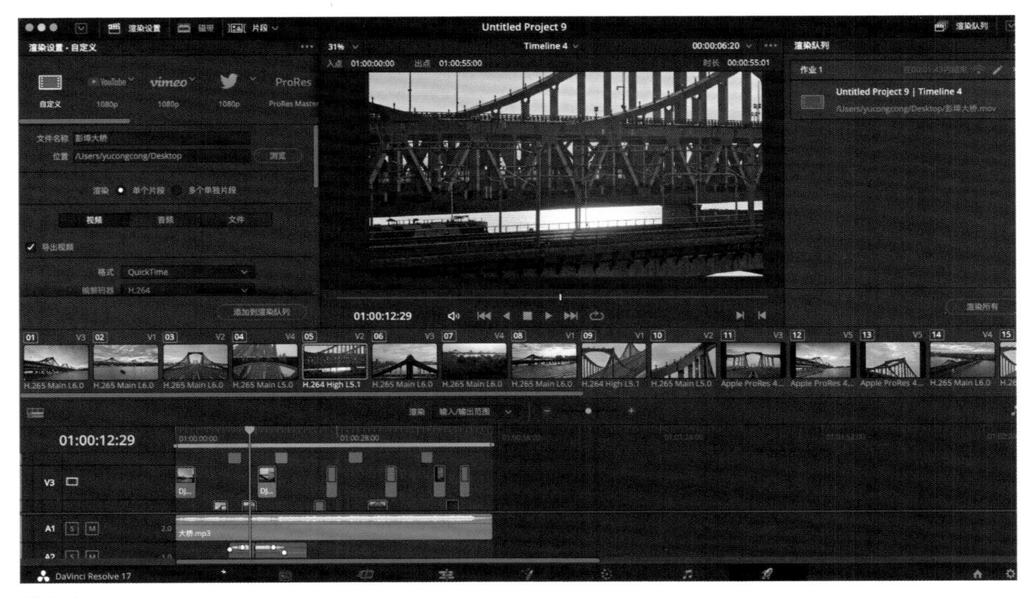

图 9-7

9.2 航拍画面调色时需要考虑的问题

当获得实拍的画面时，不要急于操作，我们需要对画面的拍摄场景以及应用场景进行分析，再调整其亮度、颜色、对比度等。本节将一一讲解。

如何评估画面亮度是否正确

画面欠曝或者过曝都会极大地影响画面质量。要得到高质量的画面，我们首先需要确保在前期拍摄时能够正确曝光，在后期再进一步对画面进行调色处理。

一般在调色时，可借助示波器的亮度波形图来评估画面的亮度是否正确。一般安全亮度值在0~1023，如图 9-8所示。

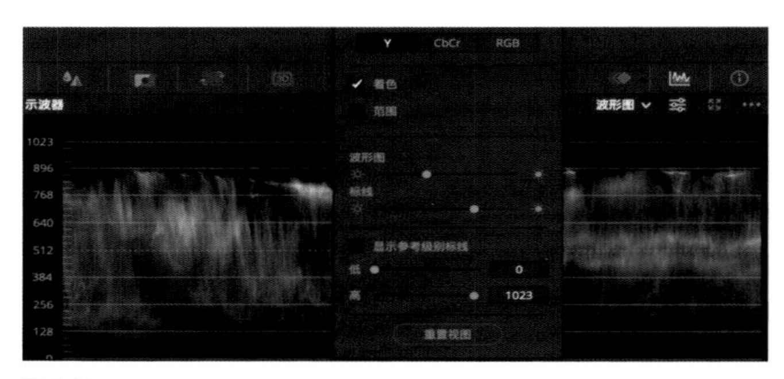

图 9-8

亮度示波器会按画面从左到右分布的亮度分布进行显示，既能检查整体显示画面的亮度，又能分析画面某个位置的亮度调节情况。

先看亮度示波器在画面中的水平位置，再看它波形的垂直高度，可以检查画面整体亮度的分布及画面是否有过曝或欠曝。

如果调整后出现画面欠曝或者过曝的情况，可以利用曲线工具的高低区柔化裁切工具将亮度调整回安全亮度值，如图 9-9所示。

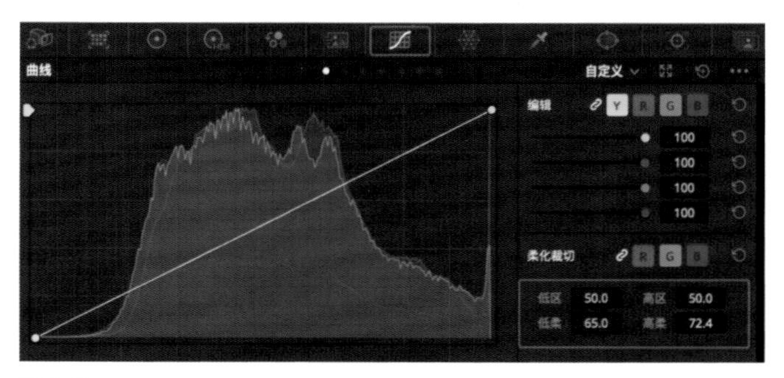

图 9-9

如何评估画面色彩是否正确

画面的色彩由多种因素影响。在广告画面调色中，一般会对调完色的画面进行严格的评估。

第一点就是要确保画面最暗部为纯黑，最亮部为纯白。我们可以通过亮度对饱和度曲线对画面进行调整。

在最后一个节点的曲线工具里选取亮度对饱和度曲线，曲线的最左边是画面的最暗部，最右边是画面的最亮部，我们可以将这两个点的饱和度降为0，这样，画面的暗部和亮部便是正确的色彩，如图 9-10所示。

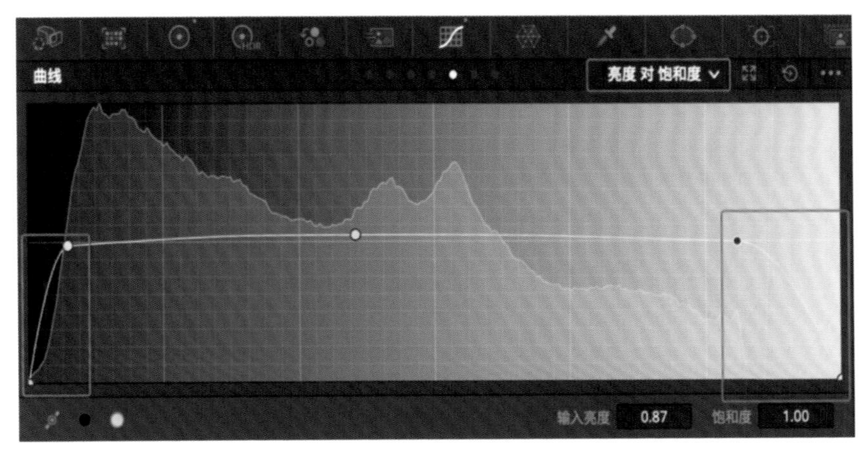

图 9-10

第二点是要将画面的饱和度控制在合适的范围内，过高的饱和度会让观者觉得不适。我们可以通过示波器的矢量图来进行评估，尽量将饱和度控制在红圈范围内，如图 9-11所示。

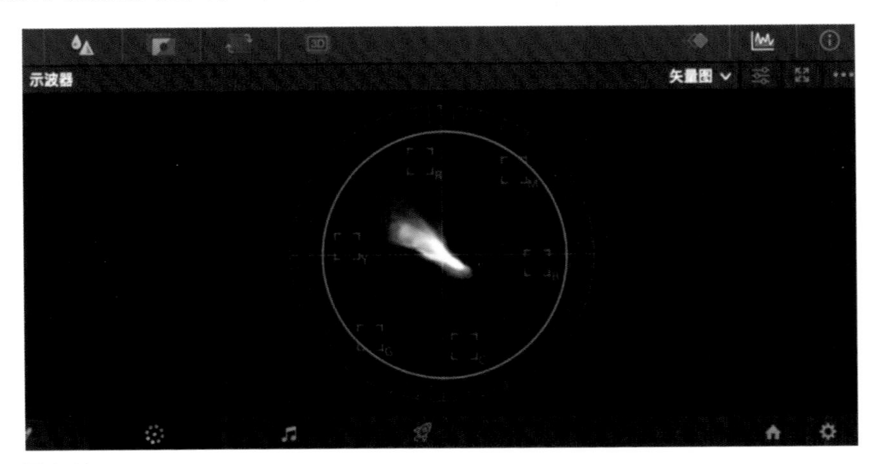

图 9-11

不同色彩的亮度差异过大会导致色彩出现断层，当然原片的色彩位深不够也有可能导致这样的情况。色彩断层出现在广告片中是一个大忌，如图 9-12右上角红框所示。我们要尽可能避免色彩断层的出现。

图 9-12

当出现图9-12所示的情况时该怎么办呢？还有一个工具可以补救，即用达芬奇调色系统自带的去色带（Deband）插件进行调整。

先勾选“显示边缘”，“边缘阈值”指的是影响范围大小，“半径”指的是影响范围的边缘大小，“后期优化”指的是影响范围的边缘的柔和程度，“Blend”指的是以上三个参数整体的效果作用于画面的混合程度，如图9-13所示，具体参数可以根据实际情况进行调整。

图 9-13

经过调整后，我们可以看到画面中的色彩断层问题基本已经解决了，如图 9-14所示。

图 9-14

◆ 画面颜色如何搭配

不同色彩的搭配会出现不同效果，那么如何合理地搭配色彩，使得画面变得和谐呢？这里我们需要先来了解一下色相。

我们可以从不同角度将色相划分为同类色、邻近色、对比色和互补色，如图 9-15和图 9-16所示。

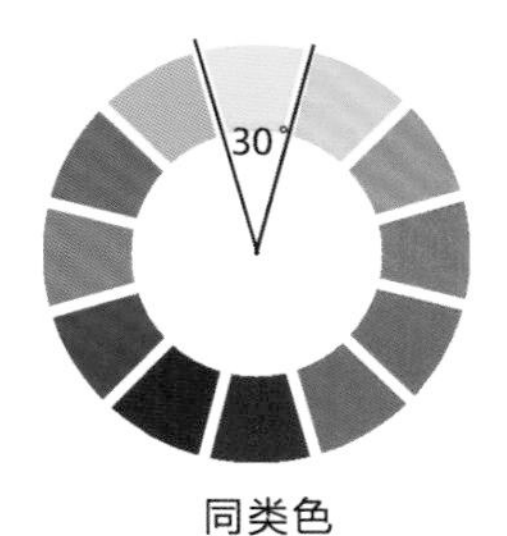

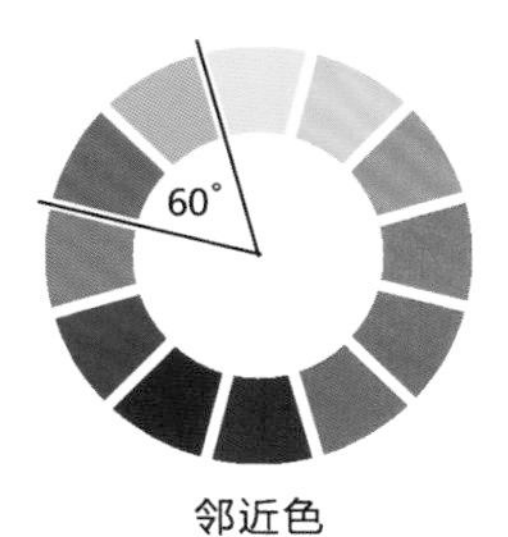

图 9-15

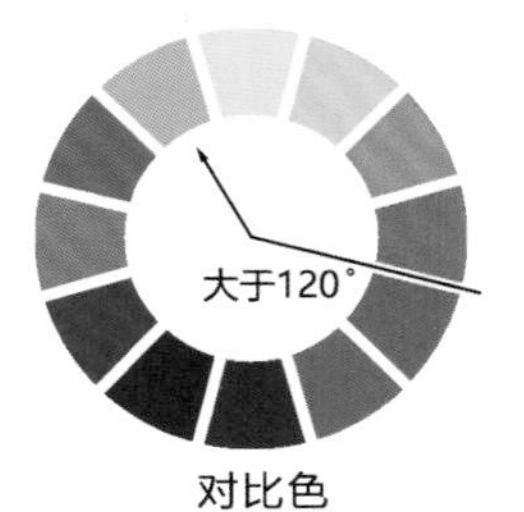

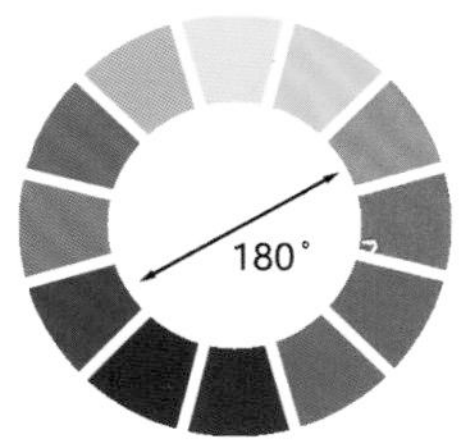

图 9-16

我们先来看一下绘画大师们是如何搭配色彩的。这里我们可以用达芬奇调色系统自带的配色板插件对画面进行配色分析，如图9-17所示。方法是将其添加至画面的节点上，即可得到对应画面的配色信息。如果想要更详细地了解色彩信息，可以通过调节配色板参数进行相应调整。

图 9-17

图 9-18所示为凡·高的《丰收》局部配色截图，图 9-19所示为莫奈的《蒙梭公园》局部配色截图。从配色板显示的信息可以看出，画面中的色彩信息都比较统一，过渡很自然，除此之外画面中还存在一些亮暗部的冷暖对比色，使画面更加具有层次感。

图 9-18

图 9-19

这里也截取了一帧笔者航拍上海陆家嘴的画面进行配色分析，如图 9-20所示。可以看到画面中大部分的色彩信息也都比较统一，同时也存在一些亮暗部的冷暖对比色，突出了主体和光影的关系，比较符合常用的色彩搭配逻辑。

图 9-20

大家也可以用配色板去分析一些电影和广告的截图。很多画面的色彩都遵循这样的色彩搭配逻辑，如果画面中出现比较突兀的色彩，很可能是为了强调或者引导剧情的发展。

9.3　一级调色（对比度调整）

达芬奇调色系统中的一级调色有许多步骤，其中对比度（反差）调整是最为关键的一步，其为整个片段调色打好了明暗反差的基础。本节介绍对比度调整的方法。

◆ 调整对比度（反差）的重要性

一个画面的亮度分布，决定了Lift、Gamma和Gain会影响图像的哪个部分。例如，如果图像的任何区域都不大于波形监视器或直方图中的 60%，那么白点的色彩平衡调整就不会有太大影响。因此，在调整图像颜色之前，很有必要先调整图像的对比度。否则，你可能会发现自己在浪费时间反复调整。

调整一个镜头的亮度分量会改变图像的感知对比度，同时对图像的颜色产生间接影响。出于这个原因，调整对比度是很重要的。通过控制对比度，你能最大限度地提高图像质量，保持视频播出信号合法化，优化颜色调整的有效性，并在项目中创建所需的风格。

通常情况下，专业调色师会想要将图像的可用对比度尽可能最大化，使图像看起来更生动。在其他时候，需要降低图像的对比度以进行镜头匹配，这是因为有可能这个需要匹配的目标图像并不在相同的位置拍摄;又或者需要通过调整对比度来营造某个特定时间的影调。提高图像观感的一个基本方式是控制图像最暗部和最亮部之间的反差。虽然曝光良好的镜头只需微调对比度就能最大化反差比例，但若要平衡场景中不同角度的镜头，还要再次调整中间调。

在其他情况下，用胶片机或数码相机拍摄的影像可能在处理过程中被故意压缩对比度。这意味着该黑位可能高于最低的0%/IRE/millivolts[mV（毫伏）],白位可能低于100%(IRE或700毫伏)。这样做的目的是避免意外的曝光过度和曝光不足，以保留最多的图像信息，从而保障调色时的灵活性。

一级调色中常用对比度调节方法

（1）把高光和暗部亮度调好。

（2）设定轴心位置（对比度拉开的基线位置）。

（3）调节对比度参数，把中间调从中心拉开。

参数对比度多用于把中间调对比度加强，用对比度参数调节完后，中间调亮度不合适再偏移调整轴心参数修正基线位置。这里用常用的log灰片来演示对比度调节，灰片可以保留更多的细节。图 9-21为未处理过的灰片，图 9-22为该灰片的原片波形图。

图 9-21

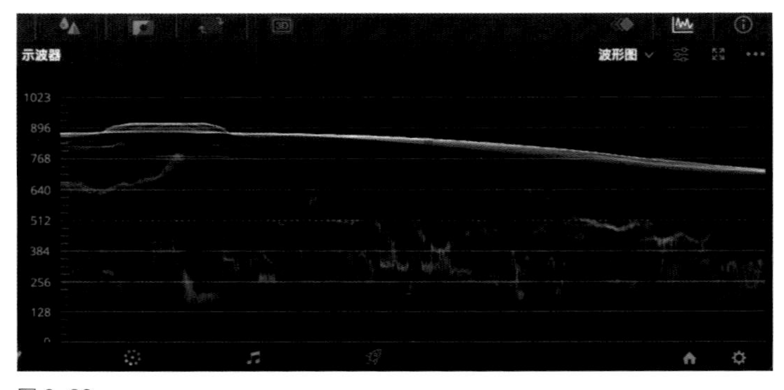

图 9-22

先进行一级调色亮度处理，通常我们在用达芬奇调色系统调节亮度时，用Gain定高光亮度，用Lift定暗部亮度，用Gamma定中间调亮度，用对比度中心拉开反差。各工具具体使用方法大家可以多研究，这里主要介绍思路。

第一步通常会检查一下整个画面的亮度，找到亮度最高的点。该灰片中对应的最亮点便是左上角的太阳。然后参照以下方法进行亮度的初步调整。

调节高光：判断它是光源、高反光还是白色的物体。一般高光（光源：960上下。高反光：896上下。白色物体：768上下）。该灰片中最亮部分是光源，我们便可以把高光调节至960上下。

调节阴影：找到亮度最低的点，在自然光照情况下，阴影亮度是64上下。该素材是自然光，我们可以将阴影调节至64上下。

调节中间调 ：外景光充足时（有影子）时，天空部分可以在640~768，光照不足时，中间调可以控制在512之下。这里根据实际情况观看检视器窗口，根据画面的光照情况或拍摄时间判断画面亮度数值是否正常，用色轮进行调整。图 9-23所示为初步调整后的画面，图 9-24所示为初步调整后的波形图。

图 9-23

图 9-24

高光、阴影、中间调初步调节完后画面有所改观，但反差还并不明显，因为很大一部分都集中在一起（256~384这个区间），并没有拉开反差。

这时通常就可以用对比度和轴心工具来进行调整，将轴心调整至310左右，再拉开对比度（在拉对比度时不要过度，对比度一般不超过1.2，过度会使画质受到影响）。这时画面又通透了许多，不过之前的参数值也受到了影响。可以再用色轮工具进一步进行微调，如图 9-25所示。这样一级校色的亮度调整就基本完成了。图 9-26所示为一级调色调整后的照片，图 9-27所示为一级调色后的波形图，图 9-28所示为原片与一级调色后的照片对比。

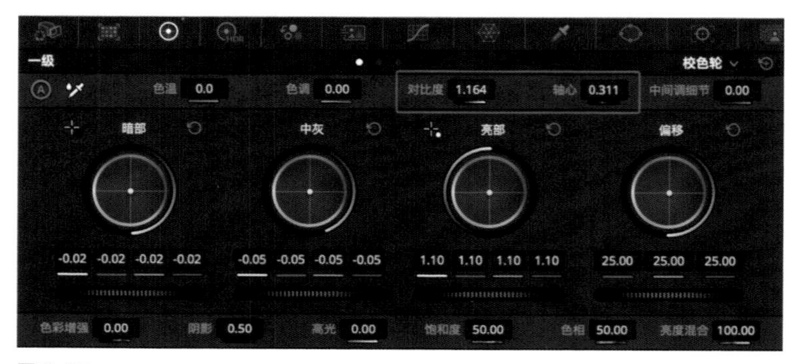

图 9-25

图 9-26

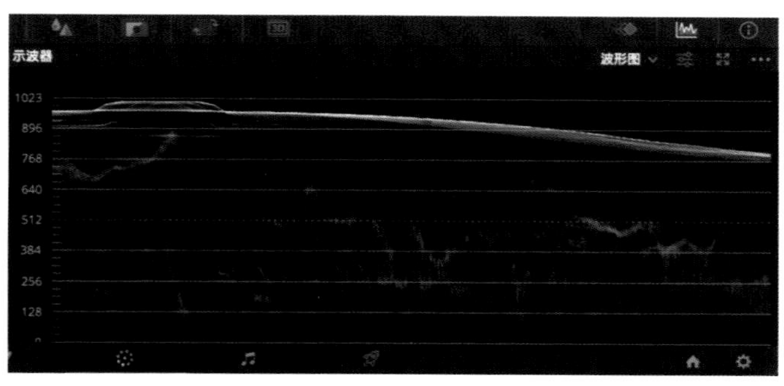

图 9-27

图 9-28

9.4 一级调色（色彩调整）

一级调色中的色彩调整一般用于调整画面偏色和定基调。在航拍中，如果拍的是灰片，那还需要提高饱和度，使画面色彩尽可能还原。常用的工具是曲线和色轮，如图 9-29和图 9-30所示。

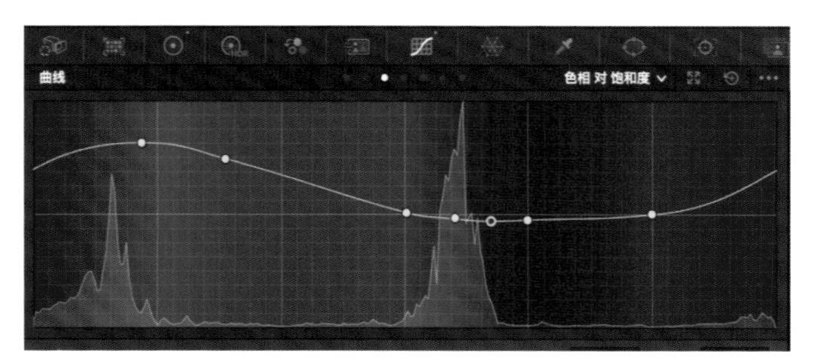

图 9-29

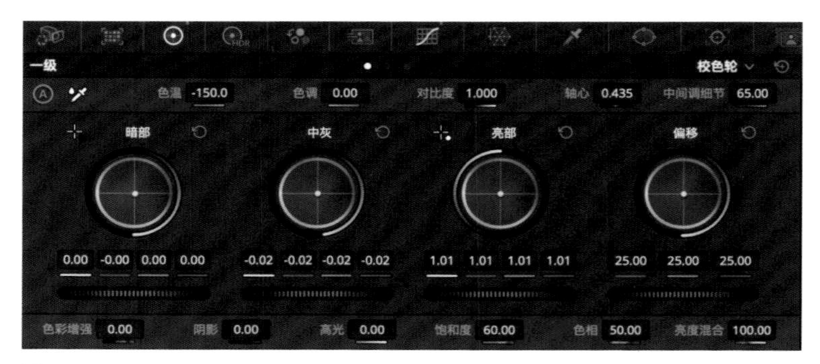

图 9-30

这里继续以上一个素材为例做色彩调整。这里对上一个画面（图9-26）的分析思路是：首先色彩饱和度还很欠缺，先调整饱和度；调整完后发现色温有点偏暖，于是将色温往冷色调整，再加高光、加点暖色，在阴影加点冷色，形成冷暖色对比，最后加点中间调细节。最终效果如图 9-31 所示。

图 9-31

9.5 局部校正（色彩、亮度、饱和度）

局部校正是对画面的精细化处理，我们可以通过局部校正对画面的各个部分进行色彩重塑，以得到质量更高的画面。在局部校正时我们可选用窗口或者限定器这类可以画选区的工具进行精细化处理。本节将介绍局部校正的具体操作。

我们首先对图 9-32进行分析：①作为视觉中心的框选部分细节不够突出；②框选部分外的建筑物整体颜色偏青，可将建筑物颜色调成低饱和度、低亮度的蓝色；③贯穿画面的河流颜色过暗。

图 9-32

分析完后逐步进行调整，这里我们可以建立局部校正中常用的并行混合器进行调整。建立三个校正器，分别命名为“主体”“过渡”“河流”，如图 9-33所示。

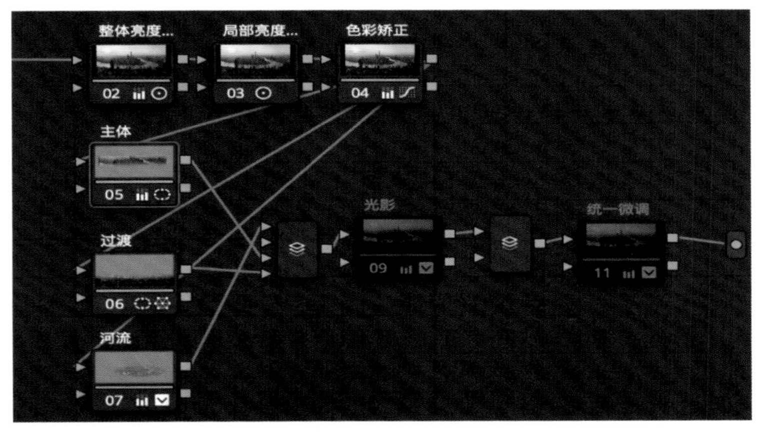

图 9-33

对于“主体”节点，我们可运用窗口工具画选区（适当调整位置增加些柔化效果），如图 9-34所示。用色轮中的中间调细节工具进行细节增强调整，这里可以用“突出显示”（Shift+H快捷键）进行观察，如图 9-35所示。

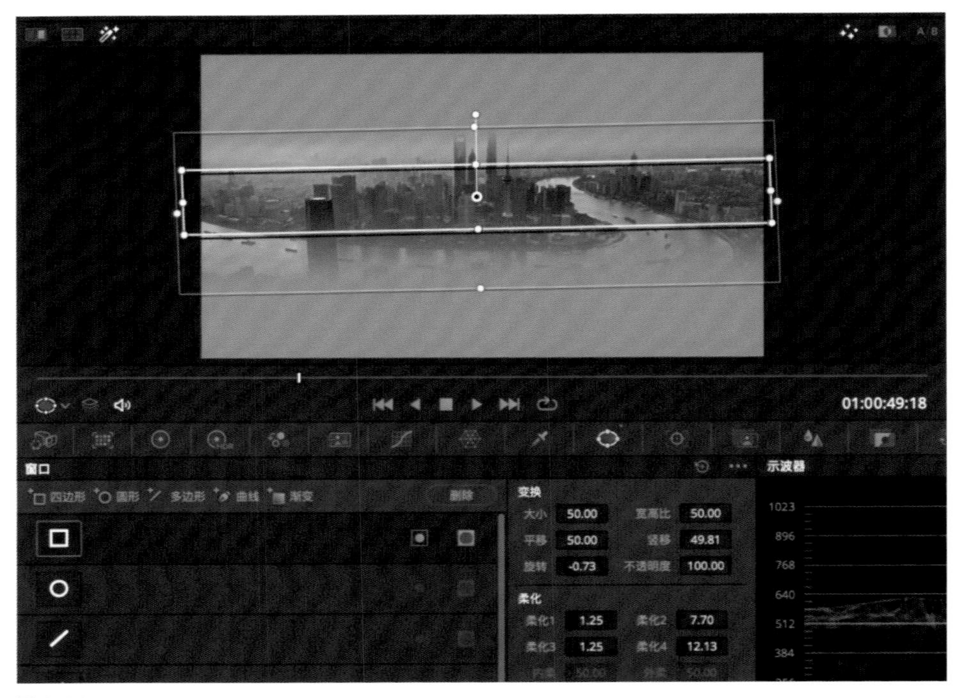

图 9-34

图 9-35

对于“过渡”节点，我们也可运用窗口工具画选区（可以增加一些柔化使色彩过渡更加自然），如图 9-36所示。利用色彩扭曲器将青往蓝偏移一些，同时往中心拖动使饱和度也降一些，如图 9-37所示。

图 9-36

图 9-37

对于“河流”节点，我们可运用限定器工具吸取河流颜色，结合窗口工具画选区（可以增加一些柔化使色彩过渡更加自然），如图 9-38所示。利用色轮工具提高河流亮度，如图 9-39所示。

图 9-38

图 9-39

通过局部的精细化调整，画面主体更加通透了，色彩效果也提升了。但是我们发现左边的太阳过于影响视线，而且太阳光线并没有对主体起到很好的引导作用，反而有点抢戏，如图 9-40 所示。那么接下来就需要进行光影调节。

图 9-40

9.6 光影调整

俗话说："摄影是用光的艺术。"的确，光影在影像中起着至关重要的作用。

光影直接影响着画面基调。对于影视画面的基调，光影的影响是最基本的，也是最直接的。

光是重要的画面造型元素，它以明暗分布来展示物体的立体感和画面的纵深感。我们可以通过光影反映以影像为本的美学思想。

了解了光影的重要性后，我们一起来分析一下图9-40所示的画面。该如何给它塑造光影呢？其实很简单，在这个画面中，主体是包含东方明珠塔及"三件套"的浦东建筑群，那么我们给拟加一些光线，引导一下视线就可以了。

这里先用窗口工具建立光束选区，如图 9-41所示；提亮高光和中间调，同时在高光中加一些暖色，达到拟光的效果，如图 9-42所示；最后用跟踪器工具跟踪一下窗口选区，使其跟随画面运动，如图 9-43所示。

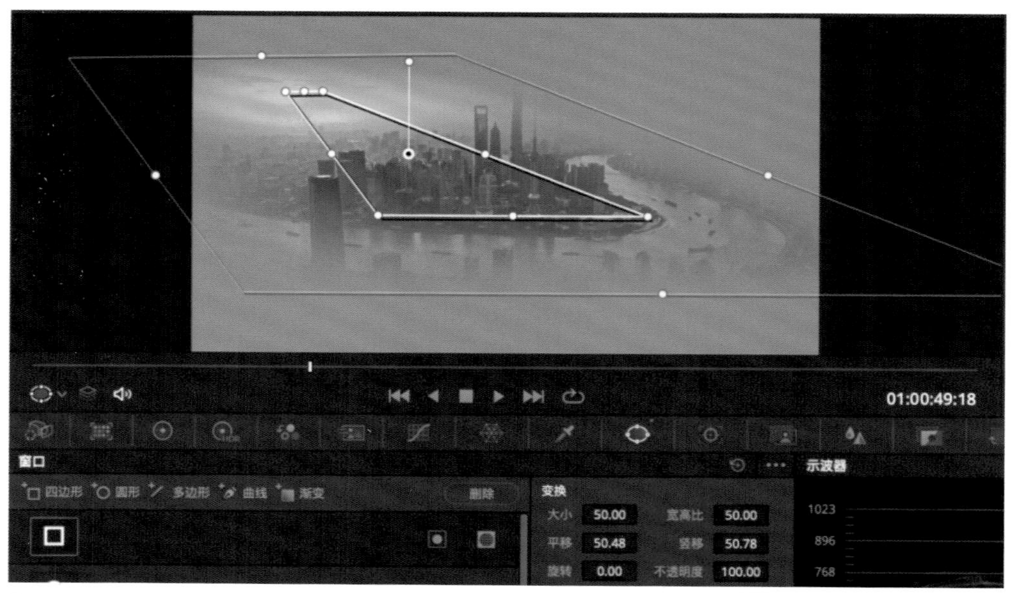
01:00:49:18
窗口
四边形
圆形
多边形
曲线
渐变
删除
变换
大小 50.00
宽高比 50.00
平移 50.48
竖移 50.78
旋转 0.00
不透明度 100.00
示波器
1023
896
768

图 9-41

01:00:49:18
一级
校色轮
示波器
色温 0.0
色调 0.00
对比度 1.000
轴心 0.435
中间调细节 0.00
暗部
中灰
亮部
偏移
0.00 0.00 0.00 0.00
0.02 0.02 0.02 0.02
1.24 1.44 1.21 0.93
25.00 25.00 25.00
1023
896
768
640
512
384
256

图 9-42

图 9-43

调整光影后，画面主体及层次关系更加明显了，如图 9-44所示。

图 9-44

9.7 统一微调

统一微调主要是为了对画面进行最后的检查，确保输出画面的品质。一般需要给画面降噪、去闪，确认画面的最暗部或最亮部是否为纯黑或纯白，以及用曲线工具微调色彩。

降噪可以放在第一步（建议都加在第一个节点），具体看实际情况适当降噪（不宜过高，一般在4左右即可，过高会影响画质）。图 9-45和图 9-46所示为降噪面板。我们可利用色轮增加中间调细节，利用模糊工具增加质感，利用曲线工具调整亮、暗部饱和度，如图 9-47至图 9-49所示。

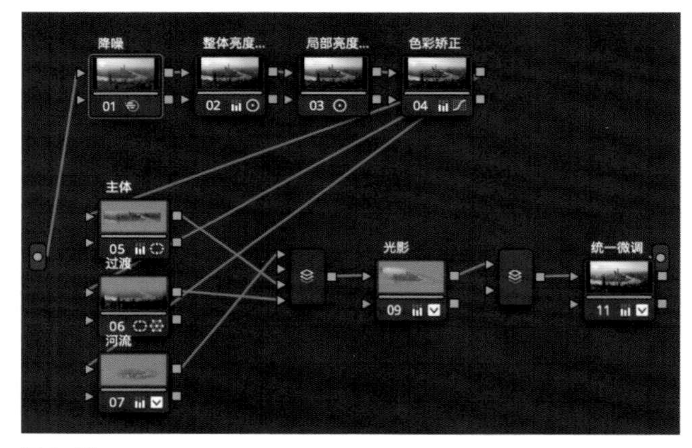

图 9-45

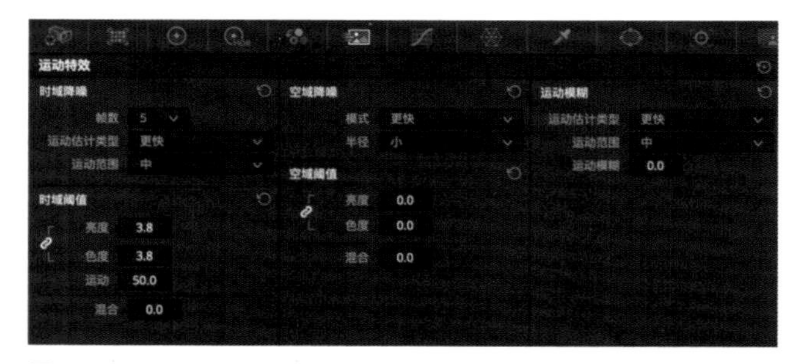

图 9-46

图 9-47

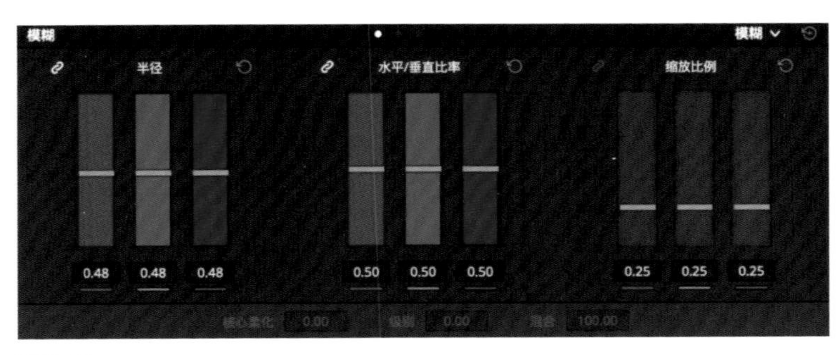

图 9-48

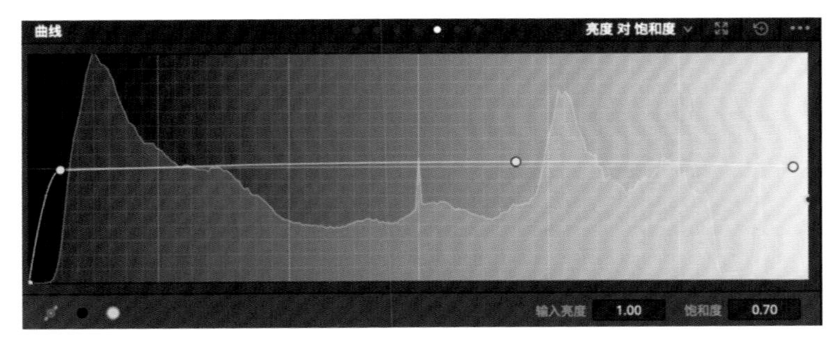

图 9-49

统一微调后，一个航拍画面就调整完毕了。如果是为多个片段组成的视频调色，那么还要考虑各片段之间的亮度、饱和度、影调等是否相近。我们一起来看一下调色前后的画面对比吧。图 9-50和图 9-51所示为未调色素材和未调色素材波形图，图 9-52和图 9-53所示为调色后素材和调色后素材波形图。

图 9-50

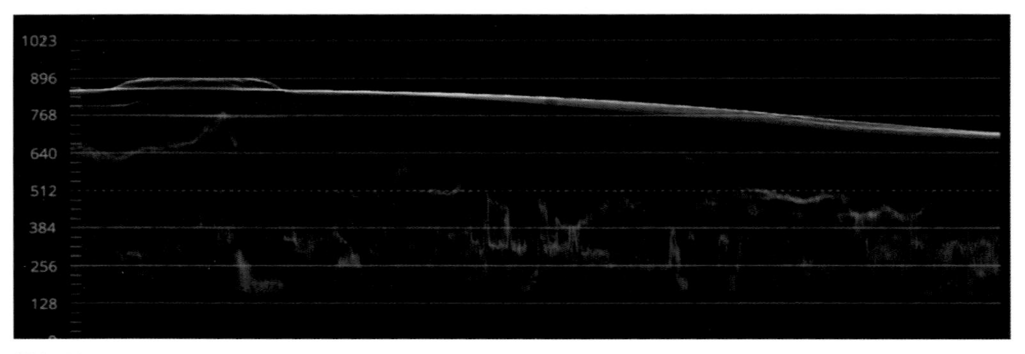

图 9-51

图 9-52

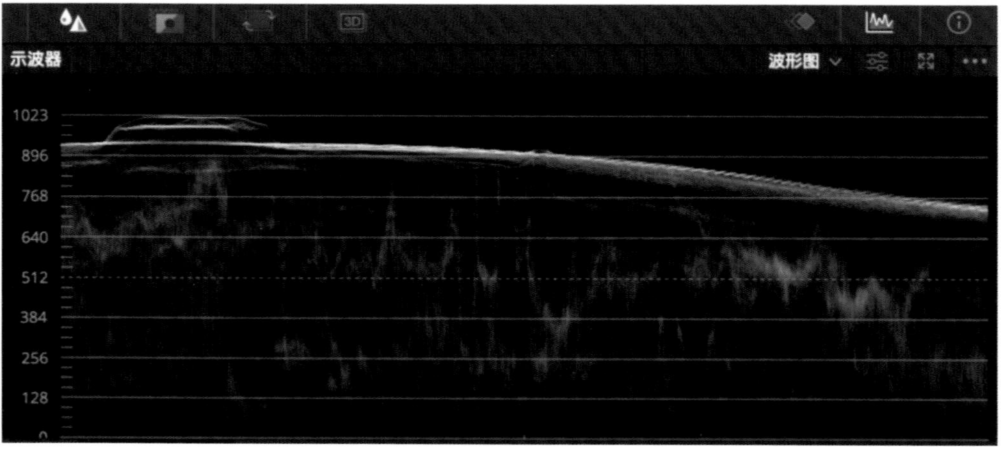

图 9-53

9.8 达芬奇调色系统风格化仿色（进阶）

调色通常有两大目的。第一个目的是还原现实色彩；第二个目的是为画面添加独特的风格，也就是风格化。艺术源于生活而高于生活，就像我国的山水画：山是人的山，水是人的水，得意时风和日暖，失意时山河黯然。调色也一样，需要把情感投入画面中，可以通过风格化调色为画面添加独特的风格，让观者感受到视频中的情感。

本节将介绍风格化调色技巧。

首先从视频里截一张图拖进达芬奇调色系统进行分析。先来看一下画面的元素构成：山、河流、雪、天空、日出，以及由阳光照射产生的光影；同时可以通过看图 9-54右下角的矢量示波器看到画面的色彩构成为橙蓝调，也可以看出蓝色的饱和度比较低。

图 9-54

从图 9-55右下角的亮度波形图中可以看出画面的亮度信息，暗部最低点在128左右，亮度最高点（光源）在1023。暗部主要为蓝色，亮部主要为橙黄色，中间调橙蓝色穿插分布。

图 9-55

分析完这些后，再进一步分析构成影片的主要色彩（橙黄色和蓝色）的具体信息。这里可以用限定器工具进行对应色彩选取（用Shift+H快捷键进行“突出显示”查看）。

从图 9-56中可以看到蓝色的色彩信息，色相大致位于87附近，饱和度在0~5，限定器的亮度在53~63，示波器的亮度基本在512之下。再来看一下橙黄色的分布情况。

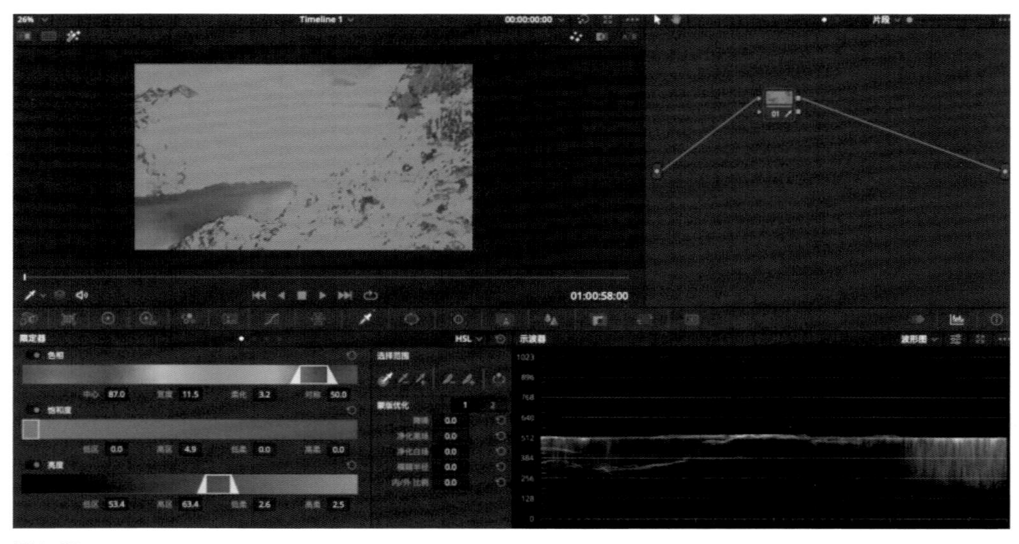

图 9-56

从图 9-57中可以看到橙黄色的色彩信息，色相中心点在37附近（带有一点红色），饱和度在0~11，亮度在56~78。我们可以用这个方法来观察更多其他的色彩选区，了解它的色彩信息。

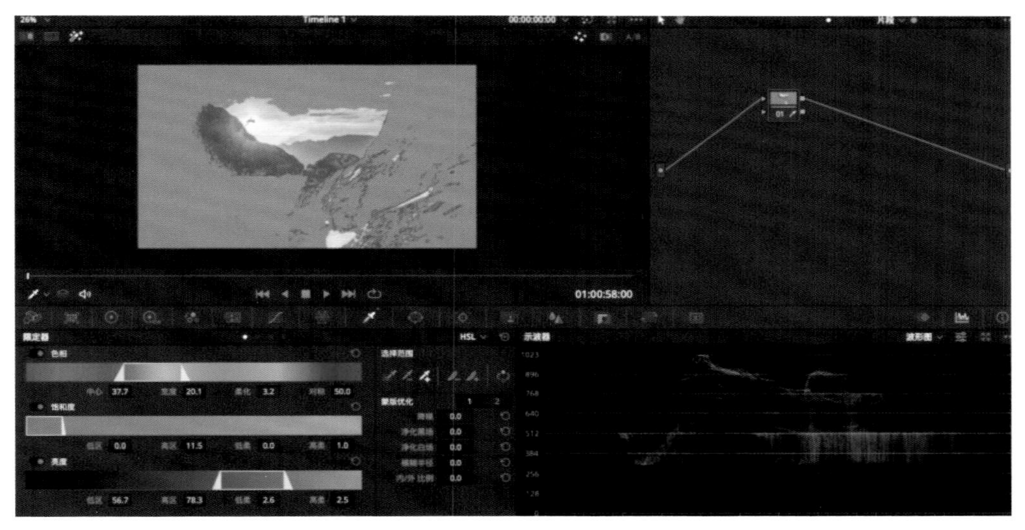

图 9-57

分析完这些后，再来看如何对有相似元素的画面进行仿色。先来看一下在喀纳斯拍的原片及其对应的亮度波形示波器。

从右图可以看出各元素从左至右的亮度色彩分布情况，如图 9-58所示。我们可在现实的基础上，对原片进行橙蓝色调的仿色。

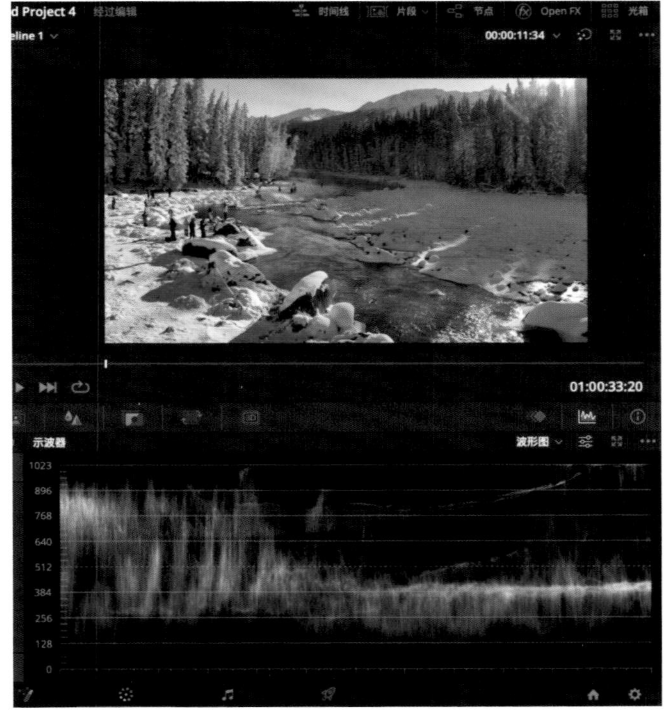

图 9-58

那么这里该如何仿色呢？可以先对比参考样片的元素，分析得出橙黄色主要集中在偏高光部分，低饱和度、低亮度的蓝色为河流和部分天空，以及部分白色雪景的中间调区域。

下面可以按这个思路进行仿色：将图中高光及光晕光线部分调为橙黄色，阴影区雪地及部分天空调至低饱和度、低亮度的蓝色，雪景为中间调的白色，然后再根据调节后画面的光影情况进行染色处理。风格化仿色后的效果如图 9-59所示。

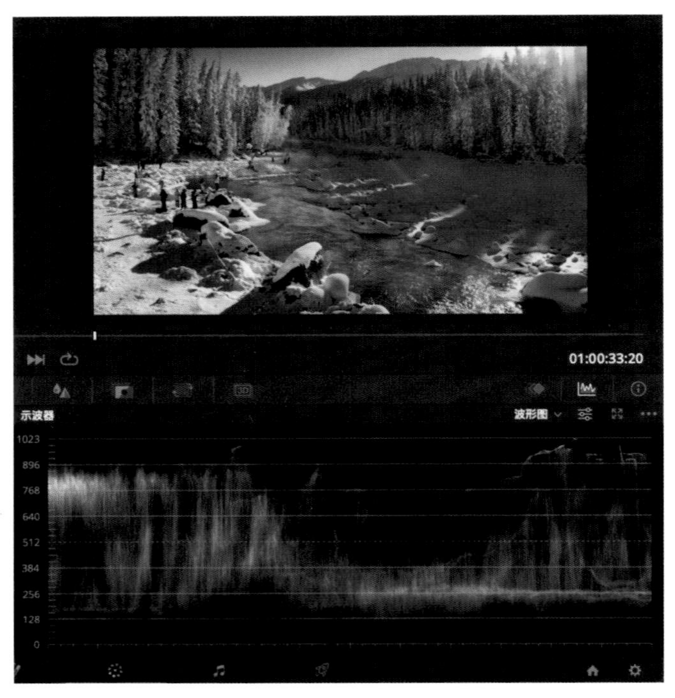

图 9-59

有了思路，现在就根据本章介绍的知识结合工具一步步地进行风格化仿色处理。

首先使用限定器选取阴影区域的雪地及部分天空，如图 9-60所示；然后使用曲线工具降低所选区域的亮度和饱和度，如图 9-61和图 9-62所示；再使用RGB混合器或其他色相工具调整所选区域的色相至参考值（参考值可以在该节点后新建一个矫正器，再用限定器进行对应颜色吸取查看），如图 9-63所示；同时结合自己的判断不断调整。图 9-64所示为阴影区域雪地及部分天空调整后的截图。

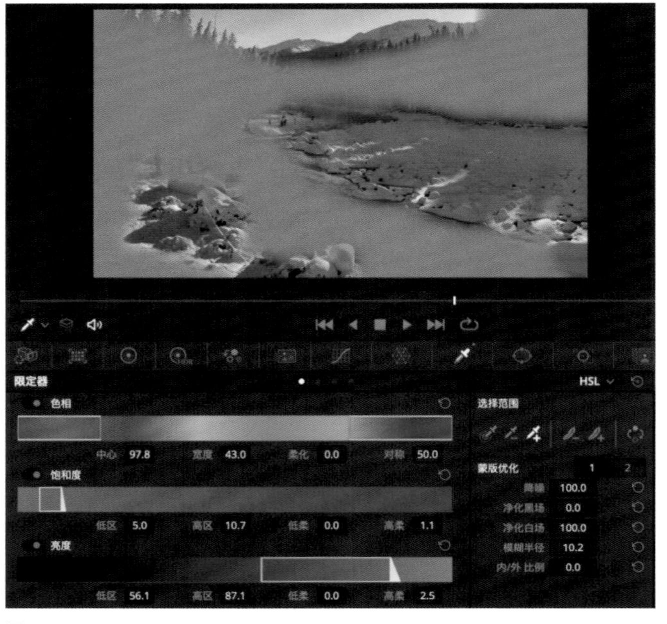

图 9-60

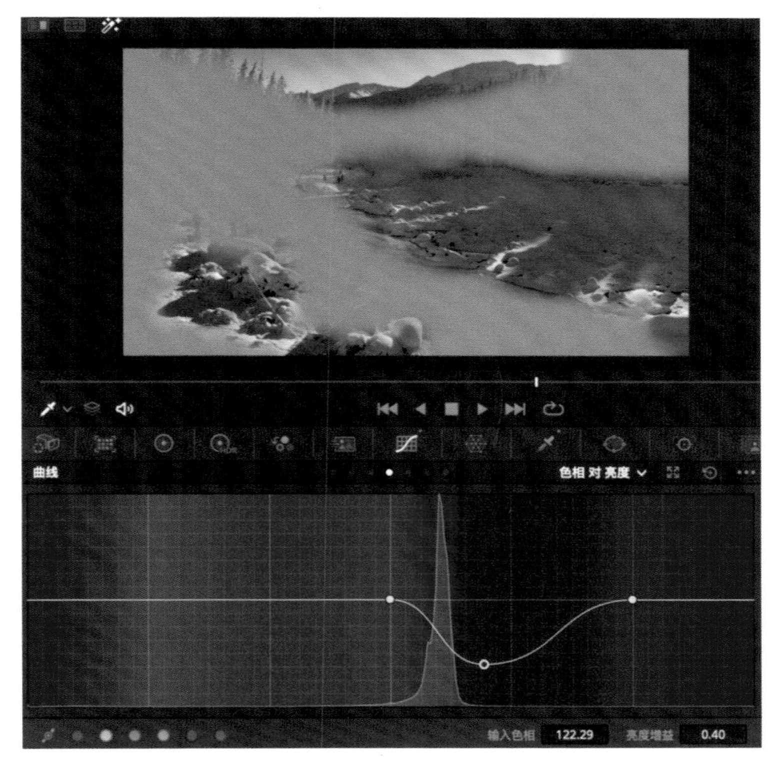

图 9-61

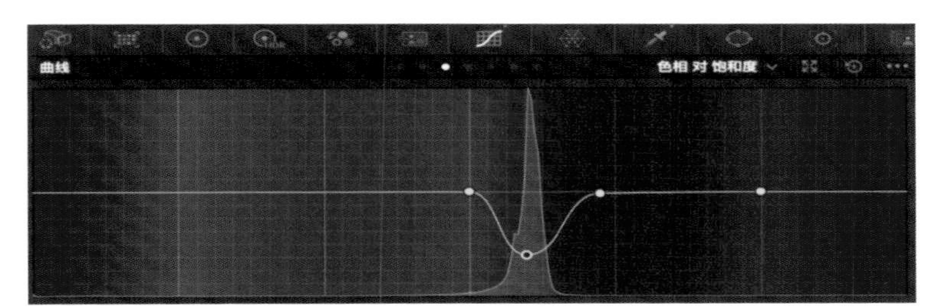

图 9-62

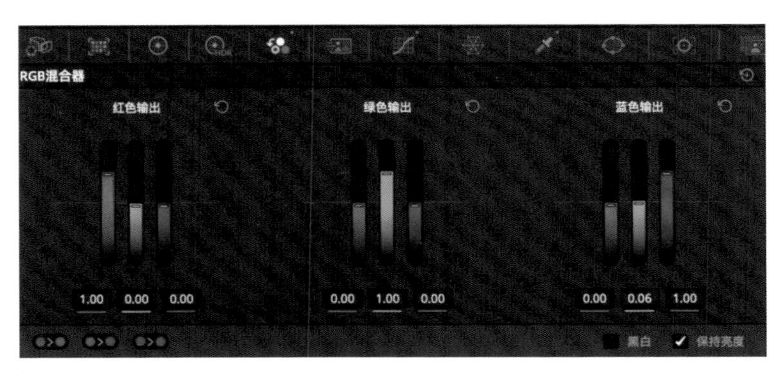

图 9-63

图 9-64

接下来对光源及光晕光线进行处理，调成橙黄色。这里先用窗口工具建立光源及光晕光线选区，如图 9-65所示；再利用色轮工具给选区染色，如图 9-66所示；考虑到光线照射到了雾凇，结合色彩及实际可以给选区加一些粉色调，再进行柔光处理，如图 9-67所示。到这里，已对选区完成初步染色处理。

图 9-65

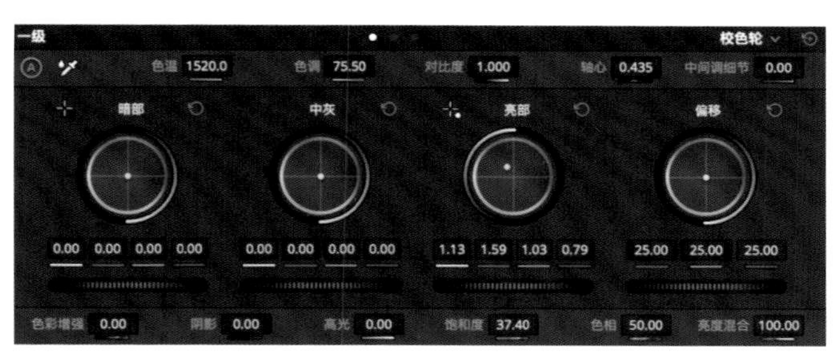

图 9-66

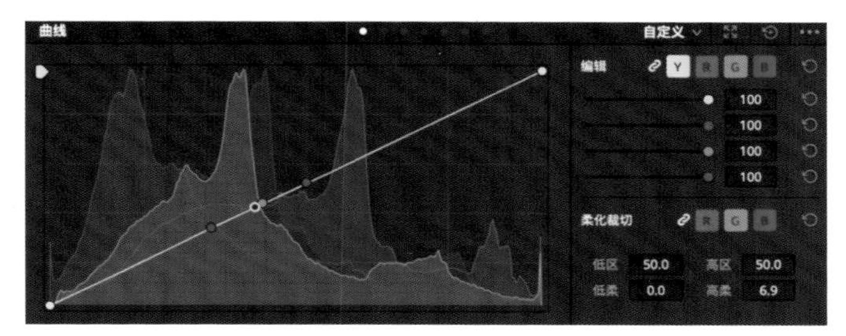

图 9-67

初步染色处理完成后发现光源最亮部分及染色区过渡不符合实际，饱和度过高，所以需要新建一个串行节点进行亮度校正。图 9-68所示为光源亮度校正，图 9-69所示为染色区高柔色彩校正（指高光）最亮部分色彩保持纯净。

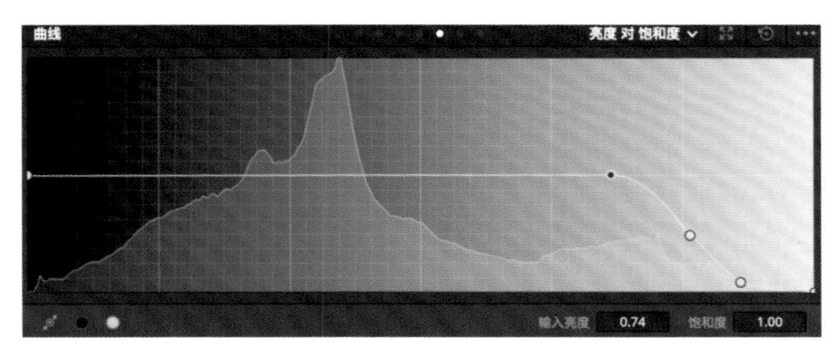

图 9-68

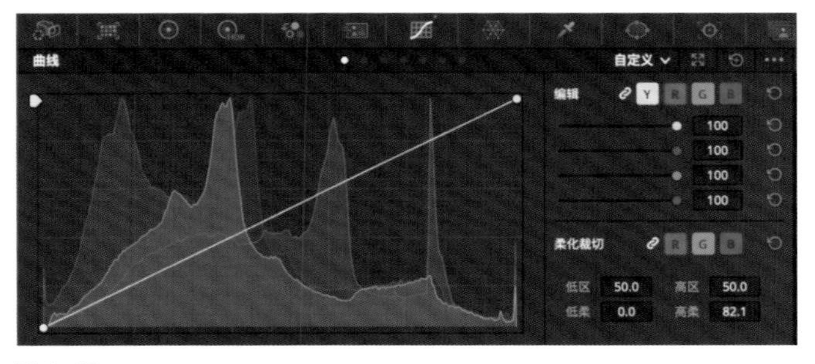

图 9-69

这样便可以得到一个橙蓝调的初步仿色画面了，如图 9-70所示。

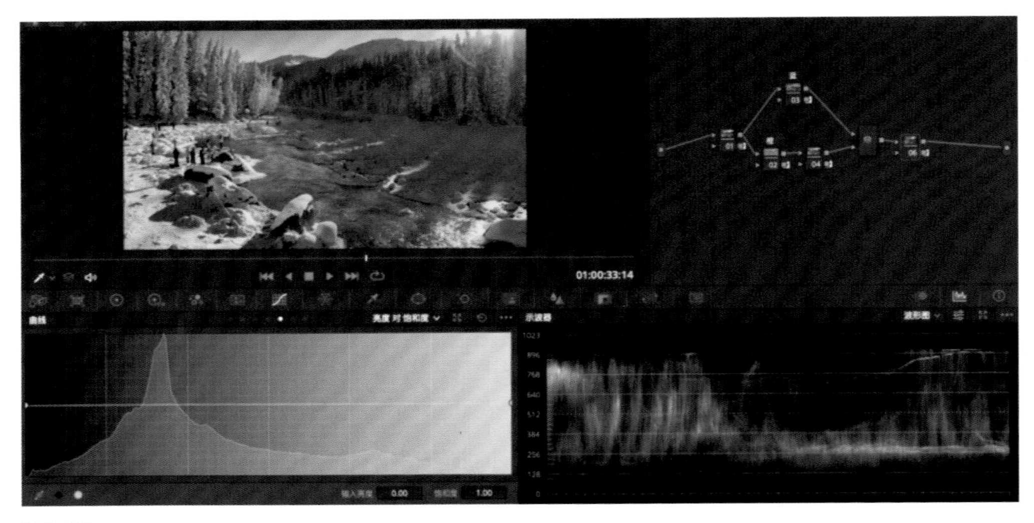

图 9-70

定完主体基调后，接下来需要进行更精细化的局部染色过渡处理和光影关系调整。先对图 9-71所示的画面进行分析。

图 9-71

分析结果如下。

（1）光影关系不够突出。画面中光线是从右上角往左下角投射的，可以将左上角和右下角非光源照射区适当压暗，以突出光影关系。

（2）左下角的部分高亮区雪地的颜色不符合实际。在图中的光源照射下，面向光源的雪地应带有一些反射光（会偏黄、偏粉，粉雪都是在日出、日落时太阳照射形成的）。

（3）左侧面向光源的雾凇和雪地缺少层次感，可以选取部分适当降低亮度，制造更丰富的光影层次。

这里可以建并行节点进行处理。先来处理第一点：首先使用窗口工具选出左上角天空，然后使用色轮工具压暗高亮区，再利用窗口工具结合限定器工具选出右下角阴影区，最后使用色轮工具压暗左下角选区，如图 9-72至图 9-75所示。

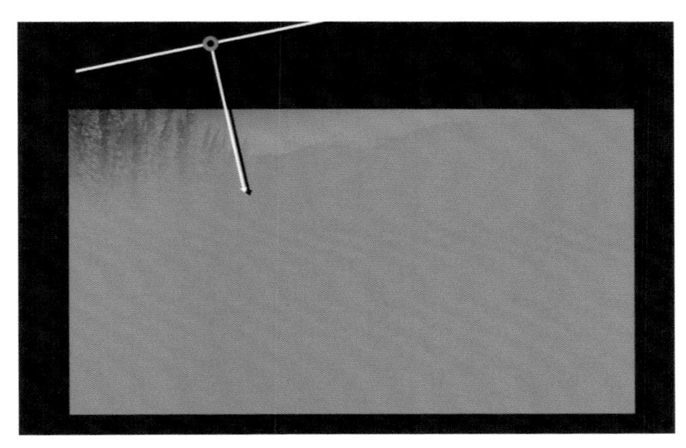

图 9-72

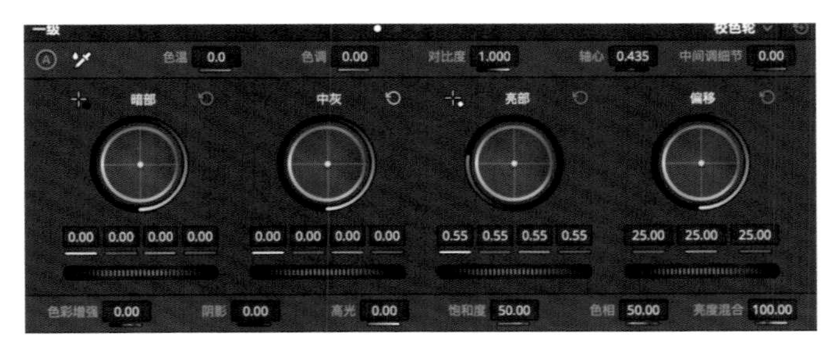

图 9-73

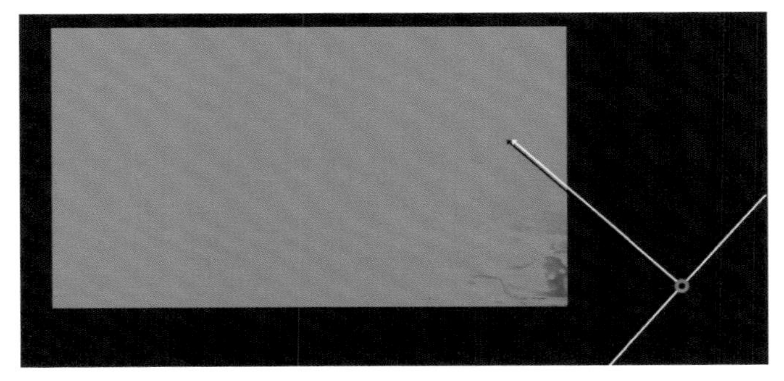

图 9-74

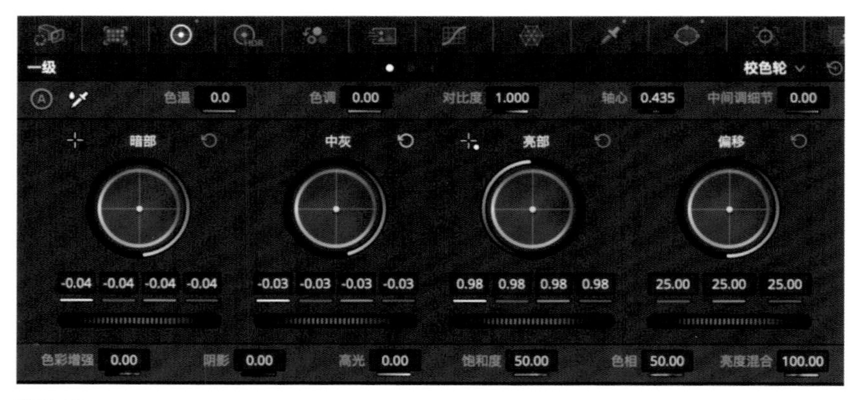

图 9-75

然后来处理第二点：首先使用窗口工具结合限定器工具选出左下阴影区，然后使用色轮工具进行染色，再利用曲线工具进行高光柔化处理，使得过渡更自然，如图 9-76至图 9-78所示。

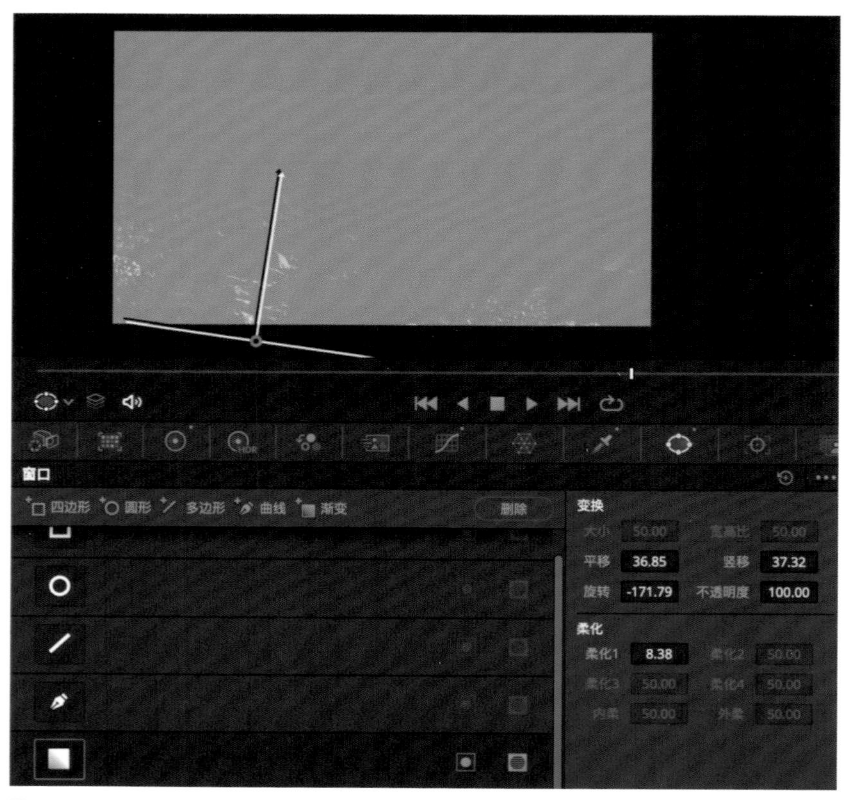

图 9-76

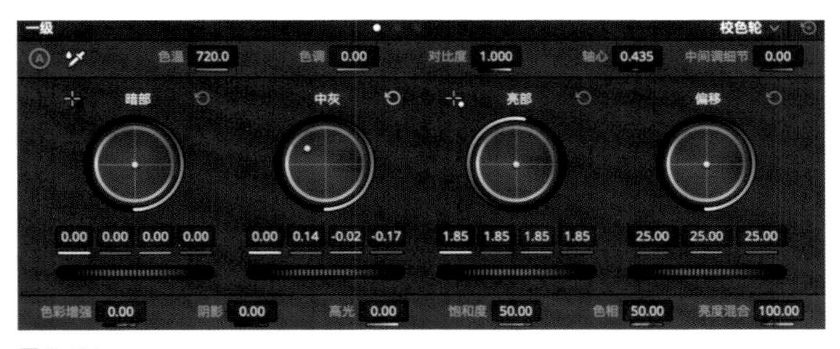

图 9-77

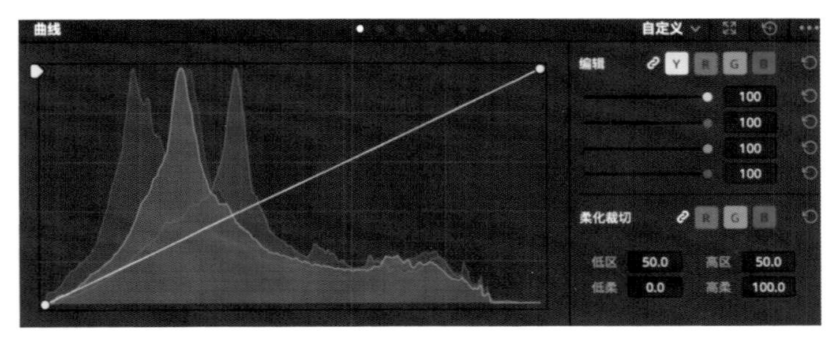

图 9-78

接下来处理第三点：用限定器工具结合窗口工具选出左侧雾凇和雪地的部分区域，适当降低亮度以丰富光影层次，如图 9-79和图 9-80所示。

图 9-79

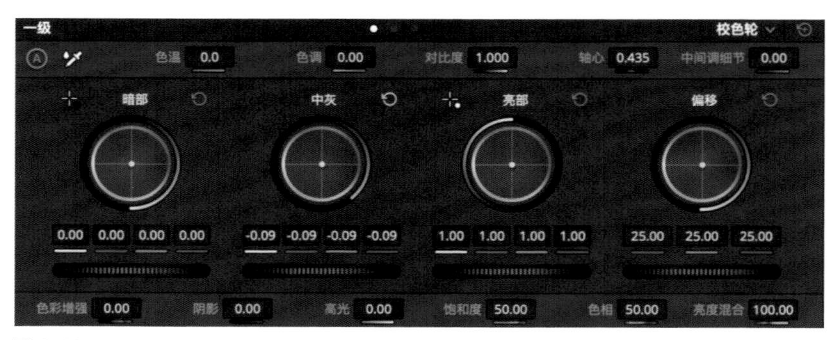

图 9-80

处理完这三点后，画面的光源层次更丰富了。可以结合波形示波器分析画面情况，如图9-81所示。分析后发现128~384区间的色彩分布比较集中，反差还没有被拉开，导致画面有点灰，不够通透。这时可以用色轮工具进一步调整亮度层次。

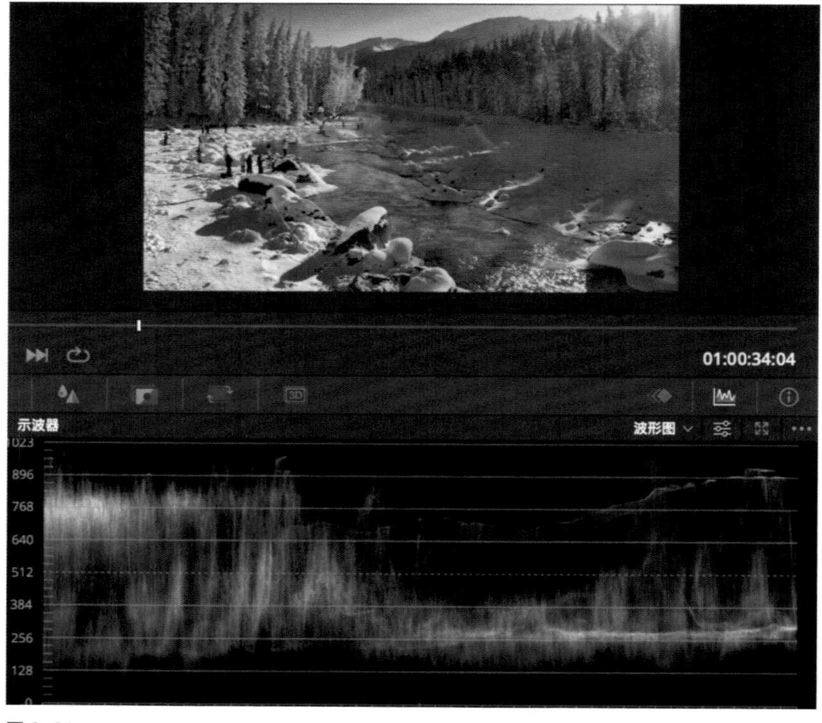

图 9-81

可以新建一个串行节点，通过色轮工具的对比度轴心及色轮参数微调亮度，如图 9-82和图9-83所示。图 9-84所示为局部调整亮度后的画面。

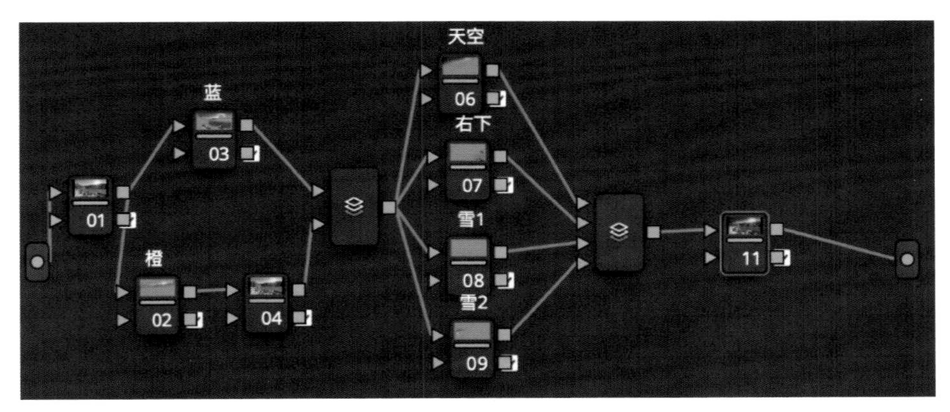

图 9-82

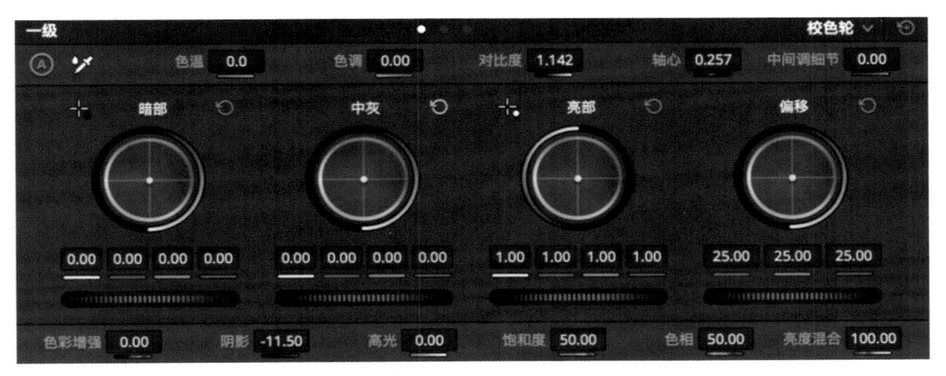

图 9-83

图 9-84

这样画面就具有了基本的层次感，接下来再结合样片丰富色彩。样片的橙蓝冷暖调对比很突出，可以对调整后的画面结合实际进行进一步优化。可以对雾凇区域进行提亮并适当染色。阳光照射下的雾凇可以是暖色调的，这样可以强化光影对比。

首先使用限定器工具结合窗口工具建立选区，其次提高选区亮度并在亮部加橙色，然后在中灰区加少量粉色进行染色，最后使用曲线工具对高光区的饱和度进行调整，如图 9-85至图 9-87所示。可用跟踪器进行跟踪实现进一步染色。图 9-88所示为局部色彩优化后的效果。

图 9-85

图 9-86

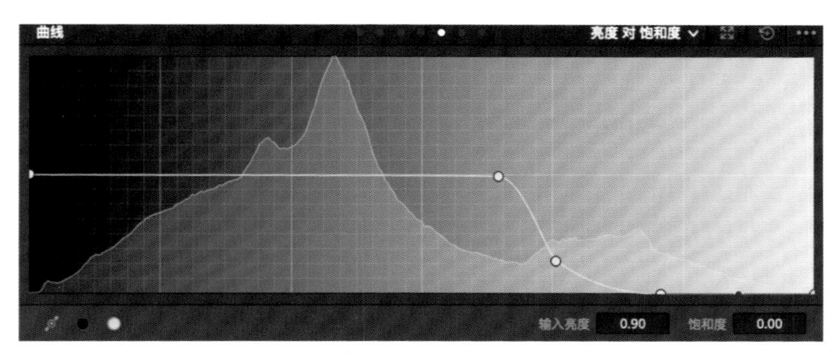

图 9-87

图 9-88

至此，画面仿色基本就处理完成了，下面只需要根据样片的色彩信息对画面进行微调。可以使用曲线工具对画面进行色相、饱和度及亮度微调，如图 9-89和图 9-90所示。

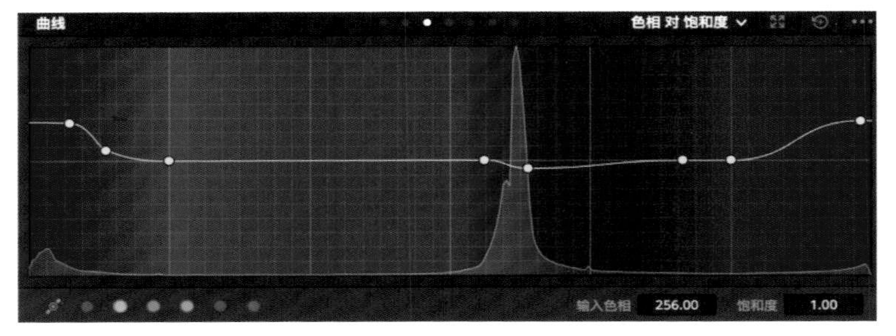

图 9-89

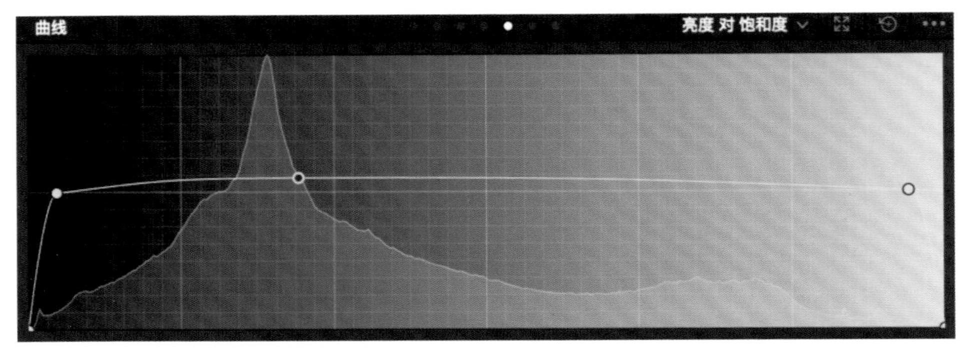

图 9-90

结合限定器、矢量示波器等工具查看色彩信息是否与样片匹配，如图 9-91至图 9-93所示。二者基本接近，那风格化仿色处理就完成了。最终效果如图 9-94所示。

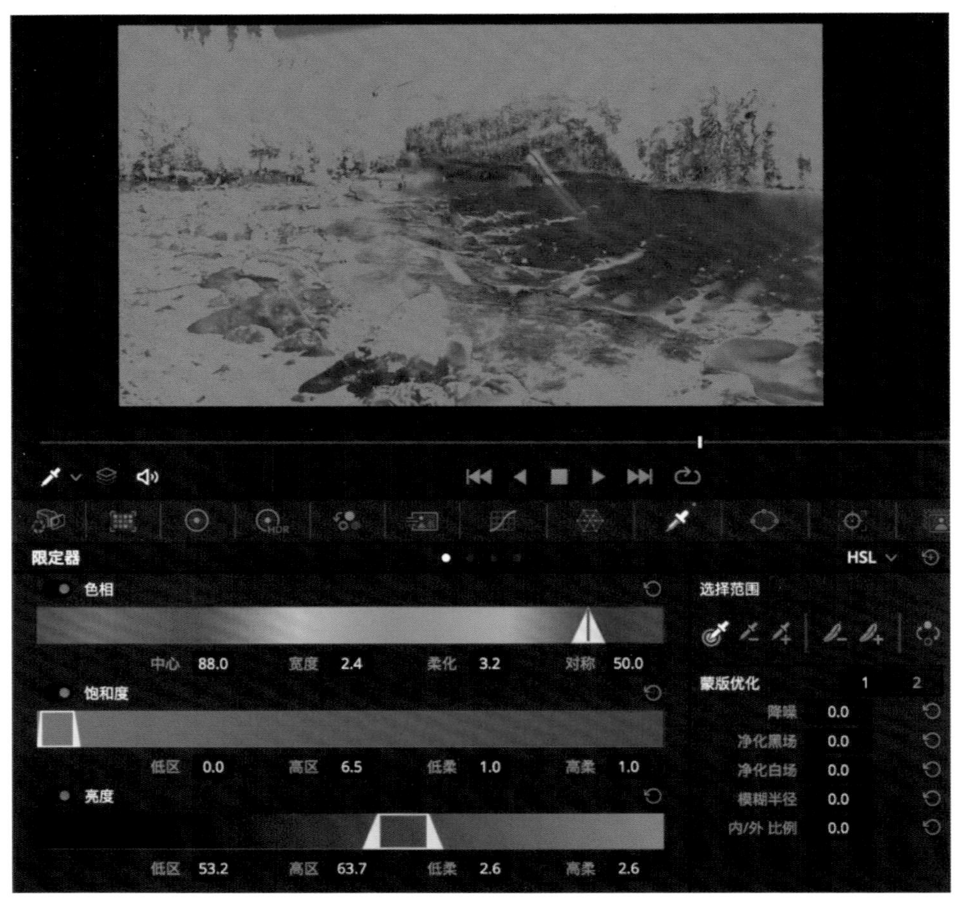

图 9-91

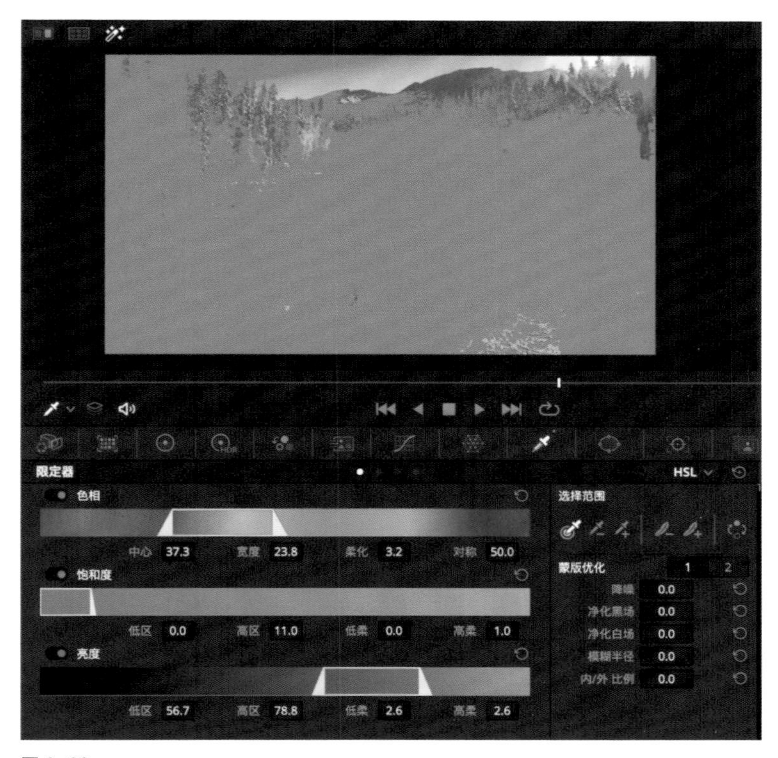
限定器
HSL
色相
中心 37.3
宽度 23.8
柔化 3.2
对称 50.0
饱和度
低区 0.0
高区 11.0
低柔 0.0
高柔 1.0
亮度
低区 56.7
高区 78.8
低柔 2.6
高柔 2.6
选择范围
蒙版优化
1
2
降噪 0.0
净化黑场 0.0
净化白场 0.0
模糊半径 0.0
内/外 比例 0.0

图 9-92

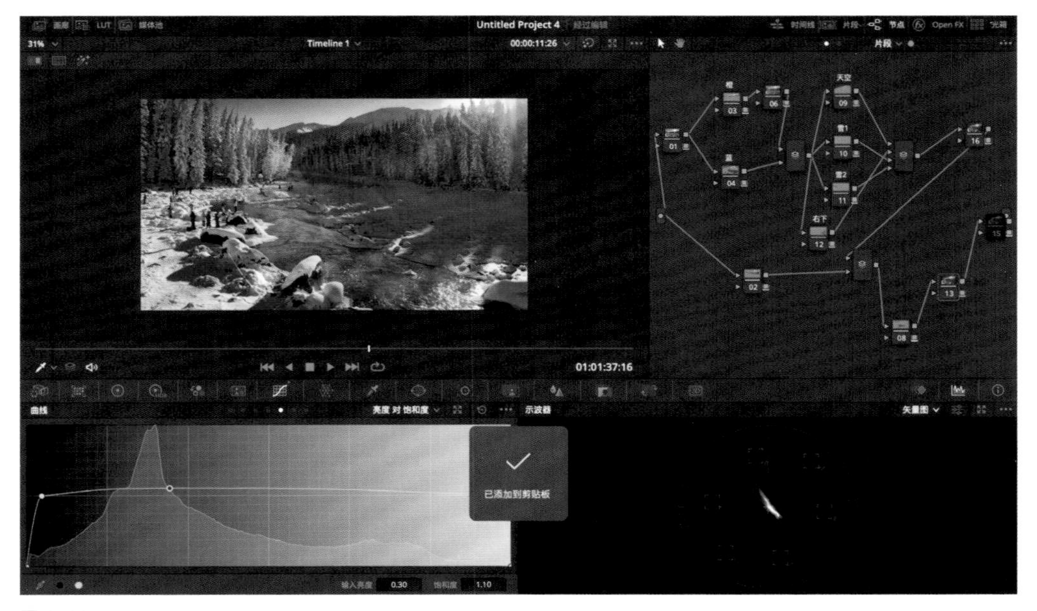
Untitled Project 4
Timeline 1
00:00:11:26
天空
01:01:37:16
曲线
亮度 对 饱和度
示波器
矢量图
已添加到剪贴板

图 9-93

图 9-94

通过检查色彩信息，我们可以发现画面的风格基本与样片相一致。这样一个橙蓝调的航拍风格化仿色就完成了。很多其他的风格化仿色也可以参照这样的方法进行。好的航拍作品一定是兼顾拍摄和后期处理的，相信熟练掌握方法后的你也可以创作出优质的航拍作品。